高等学校理工科化学化工类规划教材

PHYSICAL CHEMISTRY EXPERIMENTS

物理化学实验

高立国　李光兰 ◎ 主编

大连理工大学出版社
Dalian University of Technology Press

图书在版编目(CIP)数据

物理化学实验 / 高立国，李光兰主编. -- 大连 ：
大连理工大学出版社，2021.9
ISBN 978-7-5685-2973-0

Ⅰ. ①物… Ⅱ. ①高… ②李… Ⅲ. ①物理化学－化
学实验 Ⅳ. ①O64-33

中国版本图书馆 CIP 数据核字(2021)第 059992 号

物理化学实验
WULI HUAXUE SHIYAN

大连理工大学出版社出版
地址：大连市软件园路 80 号　邮政编码：116023
发行：0411-84708842　邮购：0411-84708943　传真：0411-84701466
E-mail：dutp@dutp.cn　URL：http://dutp.dlut.edu.cn
大连理工印刷有限公司印刷　　　　　　大连理工大学出版社发行

幅面尺寸：185mm×260mm	印张：9.5	字数：216 千字
2021 年 9 月第 1 版		2021 年 9 月第 1 次印刷

责任编辑：李宏艳　　　　　　　　　　　　责任校对：周　欢
封面设计：奇景创意

ISBN 978-7-5685-2973-0　　　　　　　　　　定　价：29.00 元

前　言

　　物理化学是化学科学中的一个分支,研究物质系统发生简单变化、相变化及化学变化过程的基本原理,主要是平衡规律和速率规律以及与这些变化规律有密切联系的物质的结构及性质(宏观性质、微观性质、界面性质和分散性质等)。

　　《多媒体 CAI 物理化学》(第六版)为面向 21 世纪课程教材,该书内容精练、结构和谐、文字凝练、内容深入浅出。作为物理化学课程《多媒体 CAI 物理化学》(第六版)的配套实验教材,本书将计算化学实验、结构化学实验与经典物理化学实验内容相结合,经过反复研讨、教师试做及学生试用后,精选了27 个实验。本书实验包括:化学热力学基础实验(实验 1~5)、相平衡及化学平衡热力学实验(实验 6~10)、结构化学初步实验(实验 11~13)、计算化学实验(实验 14~17)、化学动力学实验(实验 18~20)、界面层的热力学及动力学实验(实验 21~23)、电解质溶液和电化学系统的热力学实验(实验 24~27)。

　　本实验教材尽量引用现代最新技术、实验仪器和方法,采用计算机在线读数、绘图。同时,该实验教材也部分保留了目前高校及企业尚在使用的仪器和方法,以满足不同学校的要求。本实验教材还配备了 6 个具有特色的计算化学和结构化学实验,以使其内容更为完整。

　　本实验教材由高立国、李光兰主编,郝策教授主审。高立国负责编写实验1~10,李光兰负责编写实验 18~23,李阳负责编写实验 11~17,宋雪旦负责编写实验 24~27,丛铁、孟玉兰编写附录及数据处理部分。由于编者水平有限,不妥和错误之处在所难免,诚请有关专家和读者指正。

编　者

2021 年 8 月

目　录

绪　论

物理化学实验目的及要求

【实验目的】

(1)掌握物理化学实验的基本实验方法和实验技术,学会常用仪器的操作。

(2)通过实验操作、现象观察和数据处理,锻炼学生分析问题、解决问题的能力。

(3)加深对物理化学课程中基本理论和概念的理解。

(4)培养学生实事求是的科学态度,严肃认真、一丝不苟的科学作风。

【实验要求】

(1)实验预习

学生进实验室之前必须仔细阅读实验内容及相关技术资料,明确本次实验中采用的实验方法及仪器、实验条件和测定的物理量等,在此基础上写出预习报告,包括实验目的、简明原理、简单的实验操作步骤、实验时注意事项、需测定的数据及相应的记录表格等。学生进入实验室后,首先要核对仪器与药品,看是否完好,发现问题要及时向指导教师提出,然后对照仪器进一步预习,并接受教师的提问、讲解,在教师的指导下做好实验准备工作。

(2)实验操作

经指导教师同意后方可进行实验。仪器的使用要严格按照操作规程进行,不可盲动;对于实验操作步骤,通过预习应心中有数,严禁"边看书边动手"式的操作方式。实验过程中要仔细观察实验现象,发现异常现象应仔细查明原因,或请指导教师帮助分析处理。实验结果必须经教师检查,数据不合格的应重做,直至获得满意结果。要养成良好的记录习惯,即根据仪器的精度,把原始数据详细、准确实事求是地记录在预习报告上。数据记录尽量采用表格形式,做到整洁、清楚,不随意涂改。实验完毕后,应清洗、核对仪器,打扫实验室,提交实验报告,经指导教师同意后,方可离开实验室。

(3)实验报告

学生应在规定时间内独立完成实验报告,及时送给指导教师批阅。实验报告的内容包括实验目的、简明原理、简单操作步骤及实验装置图、原始数据、数据处理、结果讨论和思考题。数据处理应有处理步骤,而不是只列出处理结果;结果讨论应包括对实验现象的分析解释,对实验结果误差的定性分析或定量计算,实验的心得体会及对实验的改进意见等。

物理化学实验室安全知识

【物化实验守则】

为了加强实验室的建设和管理,确保物理化学实验室教学质量和实验教学改革方案顺利进行,使学生能够养成良好的实验习惯,达到全面提高学生整体素质的目的,在实验室做实验的学生应遵守如下守则。

(1)遵守实验课堂纪律。上课不迟到,穿实验服进实验室,听从教师要求,服从安排。

(2)讲文明,懂礼貌。不高声喧哗,保持实验室安静;不吸烟,不随地吐痰,不乱扔纸屑,保持实验室的干净整洁。

(3)注意实验室安全。物理化学实验室中需用到多种化学药品及各种电学仪器,有发生爆炸、着火、中毒、灼伤、触电等事故的潜在危险,因此安全是实验课的重要内容之一,要求学生高度重视安全知识的学习,遵守操作规程,听从教师安排,避免发生事故。

(4)遵守实验室的各项规章制度。严格按分组要求使用仪器设备和实验用品,保管好自己的试验台、实验凳和玻璃仪器等,爱护仪器,节约原材料,任何仪器设备和药品不经实验指导教师许可,不得动用。教师准许使用的仪器,必须严格按照正确的使用方法操作。如有损坏或丢失,立即向实验指导教师报告,等待处理。

(5)在指定的位置做实验,不乱动其他组仪器、药品和玻璃仪器等。做完实验后,要将仪器、实验药品等放回原处。将玻璃仪器刷洗干净,试验台面收拾整洁,经实验指导教师检查合格后方可离开实验室。

(6)值日生要最后检查实验室的物品是否整齐,把实验室卫生打扫干净,仔细检查水、电、气源、门窗、通风等是否关闭,经实验室管理老师批准后,然后离开实验室。

【安全用电常识】

物理化学实验室中电器较多,因此要特别重视安全用电。违章用电可能造成仪器设备损坏、发生火灾甚至造成人员伤亡等事故,表1中给出了不同电流强度对人体的影响。

表1 不同电流强度对人体的影响(50 Hz 交流电)

电流强度/mA	人体反应
0.6~1.5	开始感觉,手指发麻
2~3	手指强烈发麻,颤抖
5~7	手部痉挛
8~10	手部剧痛,勉强可以摆脱带电体
20~25	手部迅速麻痹,不能自立,呼吸困难
50~80	呼吸麻痹,心室开始颤动
90~100	呼吸麻痹,心室经 3 s 及以上颤动即发生麻痹,停止跳动

为了保障人身安全和实验室安全,一定要遵守以下安全用电规则。

(1)防止触电

不可用潮湿的手接触电器。实验开始前,应先连接好电路再接通电源;在使用过程中如发现异常:不正常声响、局部温度升高或闻到焦味,应立即切断电源,并报告教师进行检查。实验结束后,应先关掉其他开关后再关掉总电源,之后再拆线路;修理或安装电器时,应先切断电源;如果遇到有人触电,首先应迅速切断电源然后再实施抢救。

(2)防止发生火灾及短路

电线的安全通电量应大于用电总功率,使用的保险丝要与实验室允许的用电量相符。室内若有氧气、煤气等易燃易爆气体,应避免产生电火花。继电器工作时、电器接触点接触不良及开关电闸和开关时均易产生电火花,要特别小心。如遇电线起火,应立即切断电源,用沙或二氧化碳、四氯化碳灭火器灭火,禁止使用水或泡沫灭火器等导电液体灭火。电线、电器不能被水浸湿或者浸在导电液体中。线路各接点应牢固,电路元件两端接头不要互相接触,以防短路。

(3)电气仪表的安全使用

使用前应首先了解电器仪表要求使用的电源是交流电还是直流电,是三相电还是单相电,以及高电压(如 220 V、250 V、380 V)。必须弄清电器功率是否符合要求及直流电器仪表的正负极。仪表量程应大于待测量,待测量大小不明时,应从最大量程开始测量。实验前要检查线路连接是否正确,经教师同意后方可接通电源。在使用过程中如发现异常,如不正常声响、局部温度升高或闻到焦味,应立即切断电源,并报告教师进行检查。

【使用化学药品的安全防护】

化学要求种类繁多,包括酸、碱及各种无机盐、有机物。实验前应查阅资料了解所用药品的物理化学性质、毒性及防护措施。

(1)防毒

操作有毒性化学药品应佩戴护目镜、防毒手套及特定的实验服,且应在通风橱内进行,避免与皮肤接触。剧毒药品应由专人管理,建立台账,领用时由实验室主任审批,至少两人一起领取,使用时也必须两人在场,使用情况及时登记。离开实验室时切记要洗净双手。

(2)防爆

可燃气体与空气的混合物处于爆炸极限时,受到电火花的诱发会引起爆炸,因此使用时应尽量防止可燃性气体逸出,保持室内通风良好。操作大量可燃性气体时,严禁使用明火和可能产生电火花的电器,并防止其他物品撞击产生火花。严禁将强氧化剂和强还原剂的药品放在一起,进行易发生爆炸的实验,应有防爆措施和防爆用品。

(3)防火

许多有机溶剂如乙醚、丙酮等非常容易燃烧,使用时室内不能有明火、电火花等。用后要及时回收处理,不可倒入下水道,以免聚集发生火灾。实验室内不可存放过多这类药品。另外,有些化学物质如磷、金属粉末等容易氧化自燃,在保存和使用的过程中要特别小心。

实验室一旦着火,不要惊慌,应根据不同的着火情况选用不同种类的灭火剂进行灭火,较大的着火事故应该立即报警。

以下几种情况不能用水灭火:

①金属钠、钾、镁、铝粉、电石、过氧化钠等着火时,应用干沙灭火。

②密度比水小的易燃液体着火,应使用泡沫灭火器。

③电器设备或带电系统着火,用二氧化碳或四氯化碳灭火器。

【实验安全操作】

实验的安全准确操作不仅影响实验结果,更影响实验室和操作者的安全,因此要重视实验操作安全。

(1)进入实验室前,要学习实验室守则及相关规定,遵守操作规程,听从教师安排,避免发生事故。做实验室安全测试题,并且 95 分以上。进入实验室要穿好白大褂,长裤,及不漏脚面的鞋,如果是长头发,应把头发扎起来并盘好。实验室内禁止喝水,吃东西。开始操作前,应了解水阀、电源开关及总电源位置。

(2)做实验时要按照实验步骤及教师所讲的内容进行实验。若需要配置硫酸、过氧化氢等溶液,一定要戴防护手套。金属相图实验过程中严禁用手触摸样品管和热电偶热端,以免烫伤;气-液平衡相图实验过程中严禁样品在沸腾状态下打开加料口;氨基甲酸铵的分解实验中,避免吸入分解产生的氨气等。

(3)实验结束后,所用过的酸、碱、苯及四氯化碳溶液等要倒入指定的回收液瓶里,统一回收处理,不准倒入水槽冲入下水道。实验结束后,清洗整理完仪器和桌面物品后要洗净双手。

【实验室急救知识】

在实验过程中若不慎发生受伤或者事故,应立即采取适当的急救措施。

(1)物理化学实验有很多玻璃仪器,连接各玻璃管时,可能会受到玻璃割伤皮肤或其他机械损伤,如遇到这种情况,应先检查伤口内是否有玻璃碎片,然后用硼酸水洗净,再擦碘酒或者紫药水,必要时用纱布包扎。若伤口较大或过深而大量出血,应迅速在伤口上部和下部扎紧血管止血,然后立即到医院诊治。

(2)烫伤:一般用浓的(90%~95%)乙醇消毒后,涂上苦味酸软膏。若伤处红痛或红肿(一级灼伤),可用橄榄油或用棉花蘸乙醇敷盖伤处;若皮肤起泡(二级灼伤),不要弄破水泡,防止感染;若伤处皮肤呈棕色或黑色(三级灼伤),应用干燥而无菌的消毒纱布轻轻包扎好,急送医院诊治。

(3)强碱(如氢氧化钠、氢氧化钾)、钠、钾等触及皮肤而引起灼伤时,先用大量自来水冲洗,再用 5%或 2%的醋酸溶液涂洗。

(4)强酸、溴水等触及皮肤而导致灼伤时,应立即用大量自来水冲洗,再用 5%碳酸氢钠或 5%氨水溶液洗涤。

(5)若发生有害气体中毒,应立即到室外呼吸新鲜空气,严重时应立即到医院诊治。

(6)汞容易由呼吸道进入人体,也可以经皮肤吸收而引起积累性中毒,0.1~0.3 g 入口即可致死,因此使用汞必须严格遵守操作规定。储汞的容器要用厚壁玻璃器皿或者瓷器,在汞的表面盖一层水,避免直接和空气接触,同时应放置于远离热源的地方。万一有汞掉落,要先用吸汞管尽可能将汞珠收集起来,然后把硫黄粉撒散在汞溅落的地方,并摩擦使之生成 HgS,也可用 $KMnO_4$ 使其氧化。若不慎中毒,应立即送医院急救。急性中毒时,通常用碳粉或者呕吐剂彻底洗胃,或者食入蛋白(如 1 L 牛奶或 3 个鸡蛋清)或蓖麻油解毒并使之呕吐。

(7)触电时应先关闭电源,用干木棍将导线与触电者分开,使触电者与土地分离。急救时急救者必须做好防止触电的安全措施,手脚必须绝缘。

为处理事故需要,实验室应备有急救箱,必备以下药品:绷带、纱布、橡皮膏、医用镊子和剪刀等;凡士林、创可贴、烫伤油膏及消毒剂等;醋酸溶液(2%)、硼酸溶液(1%)、碳酸氢钠溶液(1%及饱和)、医用酒精、甘油、云南白药等。

物理化学实验中的数据处理

物理化学实验数据的表示法主要有如下三种方法:列表法、作图法和数学方程式法。

(1)列表法

将实验数据列成表格,排列整齐,使人一目了然。列表时应注意以下几点:

①表格要有名称。

②每行(列)的开头一栏都要列出物理量的名称和单位,并把二者表示为相除的形式。因为物理量的符号本身是带有单位的,除以它的单位,即等于表中的纯数字。

③数字要排列整齐,小数点要对齐,公共的乘方因子应写在开头一栏与物理量相乘的形式,并为异号。

④表格中表达的数据顺序:由左到右,由自变量到因变量,可以将原始数据和处理结果列在同一表中,但应以一组数据为例,在表格下面列出算式,写出计算过程。

(2)作图法

作图应注意以下几点:

①要有图名。例如,"$\ln K_p - \dfrac{l}{t}$ 图""$V\text{-}t$ 图"等。

②要用正规的直角坐标纸,在直角坐标中,一般以横轴代表自变量,纵轴代表因变量,在轴旁需注明变量的名称和单位(二者表示为相除的形式),10 的幂次以相乘的形式写在变量旁,并为异号。

③适当选择坐标比例,以表达出全部有效数字为准,即最小的毫米格内表示有效数字的最后一位。每厘米格代表 1、2、5 为宜,切忌 3、7、9。如果作直线,应正确选择比例,使直线呈 45°倾斜为好。

④坐标原点不一定选在 0,应使所作直线与曲线匀称地分布于图面中。在两条坐标轴上每隔 1 cm 或 2 cm 均匀地标上所代表的数值,而图中所描各点的具体坐标值不必标出。

⑤描点时,应用细铅笔将所描的点准确而清晰地标在其位置上,可用 ○、△、□、× 等符号表示,符号总面积表示了实验数据误差的大小,所以不应超过 1 mm 格。同一图中表

示不同曲线时,要用不同的符号描点,以示区别。

⑥作曲线要用曲线板,描出的曲线应平滑均匀;应使曲线尽量多地通过所描的点,但不要强行通过每个点,对于不能通过的点,应使其等量地分布于曲线两边,且两边各点到曲线的距离的平方和要尽可能相等。

(3)数学方程式法

将一组实验数据用数学方程式表达出来是最为精练的一种方法。它不但方式简单而且便于进一步求解,如积分、微分、内插等。此法首先要找出变量之间的函数关系,然后将其线性化,进一步求出直线方程的系数——斜率 m 和截距 b,即可写出方程式。也可将变量之间的关系直接写成多项式,通过计算机曲线拟合求出方程系数。

用图解法求直线方程系数是将实验数据在直角坐标纸上作图,得一直线,此直线在 y 轴上的截距即为 b 值(横坐标原点为零时);直线与轴夹角的正切值即为斜率 m。或在直线上选取两点(此两点应远离)(x_1,y_1) 和 (x_2,y_2),则

$$m=\frac{\Delta y}{\Delta x}=\frac{y_2-y_1}{x_2-x_1}, \qquad b=\frac{y_1x_2-y_2x_1}{x_2-x_1}$$

实验 1   燃烧热的测定

【实验目的及要求】

(1)掌握燃烧热的定义,明确定压燃烧热和定容燃烧热的关系。

(2)了解氧弹式热量计的构造、原理及使用方法。

(3)学会用氧弹式热量计测定萘的燃烧热。

【实验原理】

燃烧热是指单位物质的量的物质在氧气中完全燃烧生成指定产物时放出的热量。对于有机化合物,通常利用燃烧热的基本数据求算反应热。由热力学第一定律可知:在定温、定容且不做非体积功条件下,定容燃烧热 $Q_{V,m}=\Delta_r U_m$;在定温、定压且不做非体积功条件下,定压燃烧热 $Q_{p,m}=\Delta_r H_m$。若把参加反应的气体和反应生成的气体都作为理想气体处理,则二者之间存在如下关系:

$$Q_{p,m} = Q_{V,m} + RT \sum v_B(g) \tag{1-1}$$

式中,R 为摩尔气体常数;T 为反应温度,用开尔文温度表示;$\sum v_B(g)$ 为燃烧反应计量方程式中气体物质 B 的计量系数的代数和。

本实验使用 HR-15B 型氧弹式热量计测定萘的燃烧热,测得的是定容燃烧热 $Q_{V,m}$,测量的基本原理是能量守恒。一定量被测样品在氧弹中完全燃烧所放出的热、点火丝燃烧放出的热、空气中少量氮气氧化成硝酸的生成热,全部被量热系统吸收。实验测得在燃烧前后,水介质温度升高,再根据热量计的水当量 K,根据下式可以计算燃烧反应的摩尔反应热 $Q_{V,m}$。

$$W_{丝} Q_{丝} + \frac{W_{样}}{M_{样}}Q_{V,m} + n\Delta_f H_m = K\Delta T \tag{1-2}$$

式中,$W_{丝}$、$Q_{丝}$ 为点火丝的质量和燃烧热($6.70 \text{ kJ} \cdot \text{g}^{-1}$);$W_{样}$、$M_{样}$ 为样品的质量和摩尔质量;$\Delta_f H_m$ 为硝酸的摩尔生成焓(本实验中氮气氧化成硝酸的热量忽略不计);K 为热量计的水当量;ΔT 为样品燃烧前后水温的变化值。

水当量 K 的求法:用已知燃烧热的标准物质(本实验用苯甲酸)放在热量计中燃烧,测其燃烧前后水温的变化值 ΔT,可根据式(1-2)计算水当量。本实验中标准物质苯甲酸的 $Q_{V,m}$ 当作已知量。

为了使样品充分燃烧,氧弹中须充以高压氧气。为防止粉末样品因飞散而造成燃烧不完全,将粉末样品压片。

【仪器和药品】

仪器:HR-15B 型氧弹式热量计,DH-I 型氧弹点火控制器,BH-I 型燃烧热测定实验数据采集接口装置,计算机,氧气钢瓶,充氧机,万用表,电子天平,电子分析天平,压片机,容量瓶,移液管。

药品:苯甲酸(基准试剂),萘(AR),镍丝(点火丝),去离子水。

氧弹式热量计安装简图及氧弹的结构简图如图1-1、图1-2所示。

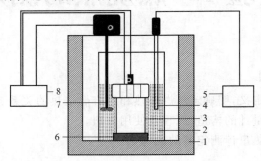

1—外筒;2—内筒;3—氧弹;4—温度传感器;5—数据采集接口装置;

6—氧弹固定底座;7—搅拌器;8—控制器

图1-1　氧弹式热量计安装简图

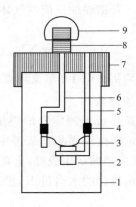

1—弹体;2—金属坩埚;3—点火丝;4—圆环套;5、6—电极;

7—弹盖;8—进/排气孔;9—挂壁

图1-2　氧弹的结构简图

【实验步骤】

(1)首先打开计算机、控制箱和温差仪开关,双击计算机桌面上的"燃烧热1.0"即可进入"燃烧热测定实验数据采集系统"。

(2)水当量的测定

①压片:用天平粗称苯甲酸0.8~1.0 g备用。取一根点火丝(长度16 cm,质量0.010 0 g),中间部分在铁钉上绕成螺旋状,两端从压片机钢模底板两孔穿过,从另一侧凹槽弯出,置于可移动底座上,然后将模子装在钢模底板上,从上面倒入称好的苯甲酸样品,在压片机上压成圆片。将氧弹架上坩埚取下,放到电子分析天平上去皮后,再将苯甲

酸放入坩埚中,精确称量苯甲酸质量。

②装氧弹:把氧弹的弹头放在弹头架上,将装有苯甲酸样品的坩埚放在燃烧架上。把电极柱上圆环套向上抬起,再把点火丝的两端分别固定在电极柱的缺口上,然后把圆环套压下来(注意点火丝不能碰到坩埚壁)。用万用表测量两电极间的电阻,一般应在 20 Ω 左右,电阻太大时,说明电极柱上圆环没有压紧。向氧弹内加入 10 mL 去离子水,把弹头放入弹内,用手拧紧。注意点火丝不能碰到氧弹壁,再次用万用表测量两电极间的电阻。

③充氧:将氧弹的进气口对准充氧机接口向氧弹内充入氧气,使氧弹内压力增加到 1.0 MPa 以上,停止进气。再测一次电阻,前后电阻值相差不大时,可继续实验,否则应用放气阀放出氧气,开盖检测,重新装样。

④连接电路:先把氧弹放入内筒的氧弹固定装置上,注意氧弹电极插口和桶盖上的卡槽在一个方向,再把 3 000 mL 去离子水注入内筒中(注入前要使水温低于夹套内水温 0.5 ℃),水面刚好盖过氧弹。把电极夹夹在氧弹挂臂上,再插上另一个电极,电极线嵌入桶盖的卡槽中,盖上盖子,装好搅拌器(搅拌器不要与弹体相碰),将温度传感器插入内筒水中。开启搅拌,水温基本稳定后,按数据采集接口装置上的"置零"键,然后按下"温度/温差切换"键,看到温差指示为零后(若不为零多按几次"置零"键),继续实验。

⑤点火:单击"燃烧热测定实验数据采集系统"界面上的"继续",单击"选择串口"选择"comm1",单击"选择确定",完成系统链接。单击"开始实验"进入实验操作界面,单击"开始实验"输入相应参数,将数据保存在相应的文件夹中,单击"实验开始!!!"。待计算机提示"请按点火键"后方可点火。按下点火键后,点火指示灯灭掉,此时注意观察温度的变化,温度上升的很快说明点火成功,如果温度变化缓慢说明点火失败,应查明原因重新实验。待温度达到最大值,且计算机至少采集到 5 个温度不变的值,单击"停止实验",单击"退出"。计算机采集数据过程中,可以准备样品萘。

⑥水当量的计算:关闭并取出搅拌器,取出温度传感器,用放气阀把氧弹内气体放尽后,打开氧弹,把弹头放到架子上。检查式样是否燃烧完全。小心取下剩余点火丝,测量其长度,计算出燃烧的点火丝的质量。单击"燃烧热测定实验数据采集系统"界面上的"数据处理",单击"从数据文件夹中读取数据"导入苯甲酸燃烧数据,单击"数据处理",在"请输入低温时拐点时间"对话框内输入低温水平线上最低点温度所对应的时间,在"请输入高温时拐点时间"对话框内输入高温水平线上最高点温度所对应的时间,输入其他相应数据,程序就可以自动计算温差值和水当量,记录水当量值,单击"退出"。

(3)萘燃烧热的测定:将氧弹内的水倒掉,再用去离子水冲洗后擦干。内筒里的水倒入指定的回收桶里,用毛巾擦干后放入装置内并调好位置。粗称 0.5～0.8 g 萘,将实验步骤 2 中的苯甲酸换成萘,重复以上操作测量萘的燃烧热,计算机处理数据时确认水当量值是否正确,若与记录数值不同,则手动输入上一步中记录的水当量值。打印图表。

(4)实验结束后,把氧弹内的水倒掉,内筒里的水倒回原处,把氧弹和内筒擦干,仪器恢复原样。

【注意事项】

(1)装氧弹时,点火丝既不能碰到坩埚壁,也不能碰到氧弹壁,否则都可能导致点火失败;且圆环套一定要压下来,否则点火丝与电极柱接触不良,可能造成断路,导致点火失败。

(2)电路连接好以后,打开搅拌开关,此时注意观察点火装置"点火"指示灯是否亮起,如果未亮,那么说明电路为断路,请检查并重新连接。

(3)实验步骤⑤中,输入相应参数,最后对话框提示"实验开始!!!",单击"确定"前,确认以下 4 项:

①点火控制器的点火指示灯亮起。

②温度计探头已插入内筒水中。

③软件显示温差(或温度)数值与数据采集接口装置显示数值相同。

④如温差不为零,再次单击"置零"按钮。

【数据处理】

(1)列出实验数据记录表,并将原始数据记录到表 1-1 中。

表 1-1 燃烧热测定实验数据记录表

苯甲酸燃烧	萘燃烧
苯甲酸质量 m(粗称)	萘质量 m(粗称)
苯甲酸质量 m(精称)	萘质量 m(精称)
点火丝质量 m(燃烧前)	点火丝质量 m(燃烧前)
点火丝质量 m(剩余)	点火丝质量 m(剩余)
点火丝质量 m(消耗)	点火丝质量 m(消耗)
水当量/$(J \cdot K^{-1})$	萘的燃烧热/$(kJ \cdot mol^{-1})$

(2)在计算机上采用雷诺图解法处理数据,计算水当量、萘燃烧热;打印萘燃烧热数据处理图表。

【思考题】

(1)本实验中,什么是系统? 什么是环境?

(2)实验中向氧弹中加去离子水的目的是什么?

(3)写出本实验中,苯甲酸和萘燃烧的方程式?

【讨论】

雷诺图解法

本实验中,热量计与周围环境的热交换无法完全避免,并且搅拌器一直搅拌着内桶中的水,机械能转化为内能,会使水温升高。所以需要用雷诺图解法(温度-时间曲线)对温差测量值进行校正以确定初态温度和终态温度,进而求出燃烧前后体系温度的变化 ΔT。由雷诺校正曲线求取的方法如图 1-3、图 1-4 所示。

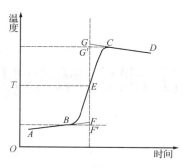 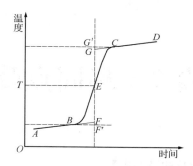

图 1-3　绝热较差时的雷诺校正图　　　图 1-4　绝热较好时的雷诺校正图

将实验测量的系统温度对时间数据作图,得到曲线 $ABCD$(图 1-3),样品燃烧前,由于搅拌做功和微弱吸热,系统温度随时间微弱升高,图中 B 相当于开始燃烧的起点,点火时,样品燃烧放出的热量使温度升高,达到最高点 C。取 B、C 两点对应的温度的平均值 $[T=(T_1+T_2)/2]$,作与横坐标轴的平行的直线 TE 与曲线 $ABCD$ 的交点为 E,然后过 E 点作垂直于横坐标轴的直线,该直线与 AB 线、DC 线的延长线分别交于 F 点和 G 点,则 F 点和 G 点的温差即为校正后的温度升高值 ΔT。FF' 表示环境辐射进来的热量所造成的热量计温度的升高,这部分需要扣除;GG' 表示热量计向环境辐射出热量所造成的热量计温度的降低,这部分需要加上。因此 F、G 两点的温度差客观地表示了样品燃烧放出的热量促使热量计温度升高的数值。

有时热量计的绝热状况良好,且搅拌功率较大时,会不断引入微量能量,从而使燃烧后不出现最高点(图 1-4)。这种情况下的 ΔT 仍然可以按照同样的方法校正。

实验 2　凝固点降低法测定摩尔质量

【实验目的及要求】

(1)通过实验,加深对稀溶液的依数性的理解。

(2)了解液体过冷的原理及实现方法。

(3)掌握凝固点降低法测定摩尔质量的方法。

【实验原理】

当稀溶液冷却到凝固点只析出纯溶剂时,溶液的凝固点低于纯溶剂的凝固点,且凝固点降低的数值与溶质的质量摩尔浓度成正比,即

$$\Delta T_f = T_f^* - T_f = k_f b_B \tag{2-1}$$

式中,T_f^*、T_f 为纯溶剂和稀溶液的凝固点,K;ΔT_f 为溶液的凝固点降低值;k_f 为凝固点降低系数,仅与溶剂的性质有关,$K \cdot kg \cdot mol^{-1}$;$b_B$ 为溶质的质量摩尔浓度,$mol \cdot kg^{-1}$。

若溶质和溶剂的质量分别为 m_B 和 m_A,溶质的摩尔质量为 M_B,则

$$b_B = \frac{m_B}{M_B m_A} \tag{2-2}$$

将式(2-2)代入式(2-1),有

$$M_B = \frac{k_f m_B}{\Delta T_f m_A} \tag{2-3}$$

式中,m_B 可以用分析天平精确称量;k_f 可以从有关手册中查到(也可以用已知摩尔质量的标准物质测定)。本实验中溶剂环己烷的凝固点为 279.7 K,凝固点降低系数 $k_f = 20.2\ K \cdot kg \cdot mol^{-1}$。

实验中只要测出溶液的凝固点降低 ΔT_f,就可以计算出溶质的摩尔质量 M_B。因此,本实验的关键是测定纯溶剂和溶液的凝固点。

实验采用过冷法测定凝固点。即把待测液体逐渐降温成为过冷液体,然后在几乎绝热的情况下突然搅拌待测液体,促使固体析出,放出的凝固热使系统温度逐渐回升,当放热与散热达到平衡时,即为待测液体的凝固点。对于纯溶剂,此时温度不再变化,此温度即为纯溶剂的凝固点,如图 2-1(a)所示。而对于溶液,由于部分溶剂的析出造成溶液的浓度增大,溶液的凝固点相应也会下降,因此在冷却曲线上得不到温度不变的水平线段。若溶液的过冷程度不大,可将温度回升的最高值作为溶液的凝固点;若过冷程度太大,则回升的最高温度不是原浓度溶液的凝固点,须按图 2-1(b)的方法进行校正。

凝固点降低法测定装置简图如图 2-2 所示。

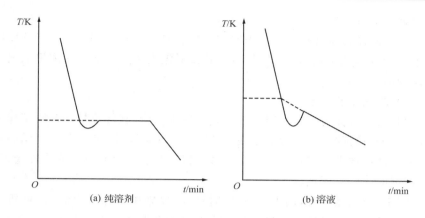

图 2-1　纯溶剂与溶液的冷却曲线

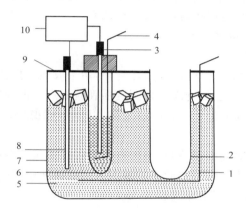

1—冰水浴搅拌器;2—空气套管;3—试样温度传感器;4—试样搅拌器;5—冰水浴;
6—试样管;7—冰水浴缸;8—冰水浴温度传感器;9—缸盖;10—温度温差测量仪
图 2-2　凝固点降低法测定装置简图

【仪器和药品】

仪器:FPD-2A 型凝固点测量装置,JDT-4B 型数字式双通道温度温差测量仪,电子分析天平。

药品:环己烷(AR),萘(AR),水,冰块。

【实验步骤】

(1)冰水浴:打开温度温差测量仪的电源,将冰水浴温度传感器插入冰水浴中,将凝固点测量装置的出水口关闭,往冰水浴缸内加一定量的水和冰,调节冰水浴的温度在 3.50 ℃左右(冰水浴温度传感器对应的指示数为 3.50 附近),并且在整个实验过程中,应经常搅拌,不断加入碎冰,使冰水浴温度尽量保持在 3.50 ℃左右。

(2)置零:将试样温度传感器也置于冰水浴中,挡位选择为"温度"挡,当温度稳定在 3.50 ℃附近时,按下"置零"键(注意:此时"温度"挡显示的示数仍然在 3.50 附近),记录零点温度。然后将挡位调节为"温差"挡,显示数在 0.000 附近(若温差示数不为零,多按几次"置零"键),按"锁定"键,锁定指示灯亮。

(3)移液:将试样管通过塑料套环固定在空气套管中,用移液管移取 25 mL 环己烷放入试样管中,再将试样搅拌器放入试样管中,将试样温度传感器从冰水浴里取出后迅速擦干放入试样管中。

(4)纯溶剂凝固点的测定

①近似测定:将试样管通过塑料套环固定在冰水浴中,轻轻搅拌。观察试样温度传感器所对应的"温差"挡读数,待读数显示在 3.800 ℃附近时拿出,此时若没有结晶就加快搅拌,待有结晶后把试样管固定在空气套管中,缓慢均匀搅拌,直到读数回升并稳定后,记录温度,此为溶剂的近似凝固点。

②准确测定:取出试样管,用手温热,同时搅拌,使管中固体完全熔化,重新将试样管固定在冰水浴中降温,轻轻搅拌。当试样管内温度降至近似凝固点温度以上约 0.5 ℃时,取出试样管,放入空气套管中继续冷却,当温度低于近似凝固点温度时,迅速搅拌,促使固体析出,温度开始回升,减缓搅拌,待"温差"挡读数稳定后,记录温度,此即为溶剂的准确凝固点。重复测量三次,取平均值。

(5)溶液凝固点的测定

称量 0.250 0~0.300 0 g 萘,放入试样管中,用手温热并搅拌使全部的萘溶解。按照实验步骤(4)的方法先测定近似凝固点再测定准确凝固点。但与实验步骤(4)的区别在于测定溶液凝固点时不是读取温度回升的稳定读数(不可能稳定),而是读取温度回升的最高读数。

(6)实验结束后,关闭温度温差测量仪,打开凝固点测量装置的出水口,放出冰水浴中的水。待试样管中的晶体全部溶解后把溶液倒入回收液瓶中,先用酒精冲洗试样管,再用洗洁精洗刷干净,最后再用酒精冲洗后放入烘箱烘干。

【注意事项】

(1)实验中选用的试样管一定要干净、干燥,实验过程中避免引入杂质或混入水分,例如搅拌器、温度传感器在放入试样管之前一定要确保干净、干燥。

(2)实验中选用的溶剂、溶质的纯度对实验结果有影响,防止人为因素造成的药品不纯。

(3)实验过程中,过冷温度不要超过 0.5 ℃。

【数据处理】

(1)置零温度:_____。

(2)列出实验数据记录表,并将测得的数据记录在表 2-1 中。

表 2-1　凝固点测量数据记录(温差数据)

样品	近似凝固点 $t/℃$	准确凝固点 $t/℃$			
		1	2	3	平均值
纯溶剂					
溶液					

（3）萘的摩尔质量计算

①环己烷在 25 ℃时的密度：$\rho = 0.769\,6$ g·mL^{-1}；

　实验中移取环己烷的体积：＿＿＿＿＿＿＿＿。

　环己烷的质量 $m_A =$ ＿＿＿＿＿＿＿＿。

②萘的质量 $m_B =$ ＿＿＿＿＿＿＿＿。

③纯溶剂和溶液的凝固点之差：$\Delta T_f =$ ＿＿＿＿＿＿＿＿。

④凝固点降低系数：$k_f =$ ＿＿＿＿＿＿＿＿。

⑤计算萘的摩尔质量：$M_B =$ ＿＿＿＿＿＿＿＿。

⑥萘的摩尔质量理论值：M_B（理论）$= 128.17$ g·mol^{-1}

$$相对误差：\eta = \frac{M_B - M_B（理论）}{M_B（理论）}$$

【思考题】

（1）为什么要先测定近似凝固点？

（2）根据什么控制加入溶质的量？加入太多或太少时，对实验结果有什么影响？

（3）什么是过冷现象？产生的原因是什么？

【讨论】

（1）测定摩尔质量的方法，除本实验中介绍的凝固点降低法，还有沸点升高法，凝固点降低法相对更准确。

　沸点升高法测定摩尔质量也是根据稀溶液的依数性，利用沸点升高与非挥发性溶质浓度的线性关系，确定溶质的摩尔质量。

　在科研中，最常用的测定物质摩尔质量的方法是质谱法。高分子物质摩尔质量的测定通常使用黏度法、GPC 法、光散射法等。

（2）本实验中温差测定使用数字式温度传感器，除此之外还经常使用贝克曼温度计测量温差，贝克曼温度计简介见附录 6。

实验 3　　溶解热的测定

【实验目的及要求】

(1)了解电热补偿法测定热效应的基本原理。

(2)用电热补偿法测定硝酸钾在水中的积分溶解热,并用作图法求出硝酸钾在水中的微分冲淡热、积分冲淡热和微分溶解热。

(3)初步了解溶解热实验中数据采集过程。

【实验原理】

(1)溶质加入溶剂的溶解过程,和溶剂加入溶液的稀释过程,一般均伴随着热效应的发生。热效应的大小和正负取决于溶剂和溶质的性质和它们的相对量。关于溶解及稀释过程的热效应,有下列几个基本概念:

溶解热:在恒温、恒压下,溶质溶解于溶剂(或某浓度溶液)过程中的热效应,用 Q 表示。可分为积分溶解热和微分溶解热。

积分溶解热:在恒温、恒压下,单位物质的量的溶质溶于物质的量为 n_0 的溶剂中产生的热效应,由于在溶解过程中溶液的浓度逐渐改变,也称为变浓溶解热,用 Q_s 表示。

微分溶解热:在恒温、恒压下,单位物质的量的溶质溶于某一确定浓度的无限量的溶液中产生的热效应。由于在溶解过程中溶液的浓度可视为不变,也称为定浓溶解热,用 $\left(\dfrac{\partial Q_s}{\partial n_2}\right)_{T,p,n_0}$ 表示。

冲淡热:在恒温、恒压下,把溶剂加到溶液中使之稀释所产生的热效应。分为积分冲淡热和微分冲淡热两种。通常都以含有单位物质的量的溶质的溶液的稀释情况而言。

积分冲淡热:在恒温、恒压下,把原含有单位物质的量的溶质的溶液稀释,使其中溶剂的物质的量从 n_{01} 变为 n_{02} 时的热效应,亦即为某两浓度溶液的积分溶解热之差,用 Q_d 表示。

微分冲淡热:在恒温、恒压下,单位物质的量的溶剂加入某一确定浓度的无限量的溶液中产生热效应,用 $\left(\dfrac{\partial Q_s}{\partial n_0}\right)_{T,p,n_2}$ 表示。

(2)积分溶解热 Q_s 由实验直接测定,其他三种热效应则通过 Q_s-n_0 曲线求得。

设纯溶剂、纯溶质的摩尔焓分别为 $H_{m,1}^*$ 和 $H_{m,2}^*$,溶液中溶剂和溶质的偏摩尔焓分别为 $H_{m,1}$ 和 $H_{m,2}$,对于由物质的量分别为 n_1 和 n_2 的溶剂和溶质组成的系统,在溶解前系统的总焓为 H。

$$H = n_1 H_{m,1}^* + n_2 H_{m,2}^* \tag{3-1}$$

溶解后溶液的焓为 H',则

$$H' = n_1 H_{m,1} + n_2 H_{m,2} \qquad (3-2)$$

因此溶解过程热效应 Q 为

$$
\begin{aligned}
Q &= \Delta_{mix} H \\
&= H' - H \\
&= n_1 (H_{m,1} - H_{m,1}^*) + n_2 (H_{m,2} - H_{m,2}^*) \\
&= n_1 \Delta_{mix} H_{m,1} + n_2 \Delta_{mix} H_{m,2}
\end{aligned}
\qquad (3-3)
$$

式中，$\Delta_{mix} H_{m,1}$ 为溶剂在指定浓度溶液中与纯溶剂摩尔焓之差，即微分冲淡热；$\Delta_{mix} H_{m,2}$ 为溶质在指定浓度溶液中与纯溶质摩尔焓之差，即微分溶解热。

根据积分溶解热 Q_s 的定义：

$$Q_s = \frac{Q}{n_2} = \frac{\Delta_{mix} H}{n_2} = \Delta_{mix} H_{m,2} + \frac{n_1}{n_2} \Delta_{mix} H_{m,1} = \Delta_{mix} H_{m,2} + n_0 \Delta_{mix} H_{m,1} \qquad (3-4)$$

所以在 Q_s-n_0 关系图（图 3-1）上，不同 Q_s 点的切线斜率为溶液在对应浓度下的微分冲淡热，即

$$\Delta_{mix} H_{m,1} = \left(\frac{\partial Q_s}{\partial n_0}\right)_{n_2} = \frac{AD}{CD}$$

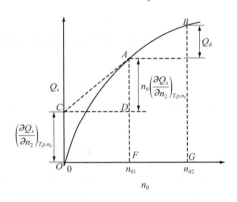

图 3-1 Q_s-n_0 关系图

该切线在纵坐标上的截距为溶液在对应浓度下的微分溶解热，即

$$\Delta_{mix} H_{m,2} = \left(\frac{\partial Q_s}{\partial n_2}\right)_{T,p,n_0} = OC$$

AF 与 BG 分别为将单位物质的量的溶质溶于物质的量为 n_{01} 和 n_{02} 溶剂时的积分溶解热 Q_s，BE 表示在含有单位物质的量的溶质的溶液中加入溶剂，使溶剂物质的量由 n_{01} 增加到 n_{02} 过程的积分冲淡热 Q_d。

$$Q_d = (Q_s) n_{02} - (Q_s) n_{01} = BG - EG$$

（3）本实验是采用绝热式测温热量计，它是一个包括保温杯、搅拌装置、电加热器和测温部件等的量热系统。热量计及其电路图如图 3-2 所示。因为 KNO_3 在水中溶解是吸热过程，故本实验用电热补偿法测定 KNO_3 在水中的溶解热。即先测定系统的起始温度 T，溶解过程中系统温度随吸热反应进行而降低，再用电加热法使系统升温至起始温度，根据所消耗电能求出热效应 Q。

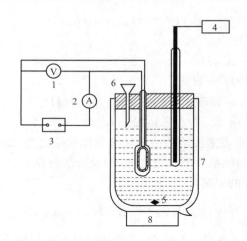

1—伏特计；2—直流毫安表；3—直流稳压电压源；4—温度传感器；5—磁子；

6—漏斗；7—保温杯；8—磁力搅拌器

图 3-2　热量计及其电路图

$$Q = I^2Rt = UIt \tag{3-5}$$

式中，I 为通过电阻为 R 的电热器的电流强度，A；U 为电阻丝两段所加电压，V；t 为通电时间，s。

【仪器和药品】

仪器：计算机测定溶解热实验装置一套，称量瓶（20 mm×40 mm，8 个）。

药品：硝酸钾（AR）。

【实验步骤】

(1)称量硝酸钾 26 g（已进行研磨和烘干处理），放入干燥器中。

(2)将 8 个称量瓶编号。在台秤上称量，依次加入约 2.5 g、1.5 g、2.5 g、3.0 g、3.5 g、4.0 g、4.0 g、4.5 g 硝酸钾，再用分析天平称出准确数据，把称量瓶依次放入干燥器中待用。

(3)量取 200 mL 去离子水于保温杯内，将保温杯置于磁力搅拌器上，盖好带有加热器及漏斗的盖子，将温度传感器擦干置于空气中，打开反应热测量数据采集接口装置的电源，预热 3 min，但不要打开恒流源及搅拌器电源。

(4)双击桌面上溶解热软件图标，进入首页，按"继续"键进入主菜单。主菜单下设4 个菜单项：参数矫正；开始实验；数据处理；退出。

①参数矫正。参数矫正菜单中有"电压参数矫正"和"电流参数矫正"两个子菜单项，电压参数和电流参数一般情况下不需矫正。

②开始实验。开始实验菜单中有"开始实验"和"退出"功能按钮。

a. 按下"开始实验"按钮，根据提示，输入样品名称，开始测量当前室温，稳定后按下反应热测量装置上的"温差置零"按钮将温差置零。将温度传感器通过保温杯盖上的插孔插入保温杯内。（注意加热器及温度传感器浸入水中的深度，不要碰到转子）。将加热控制开关拨向左"•",调节"搅拌速度"和"加热电流"旋钮,使加热器功率为 2.25～2.3 W,待提示"信号已稳定"后单击"继续",显示"正在测水温,等水温高于室温 0.5 ℃以上"。

b. 当采样到水温高于室温 0.5 ℃时,按计算机提示加入第一份 KNO_3,同时计算机会实时记下此时水温和时间。

c. 加入 KNO_3 后,由于溶解吸热水温下降,又由于加热器在工作,水温又会上升。当系统探测到水温上升至起始温度时,根据计算机提示加入第二份 KNO_3,同时计算机记下时间。统计出每份 KNO_3 溶解后,电热补偿通电时间。

d. 重复上一步骤直至第八份 KNO_3 加完。

e. 根据计算机提示关闭加热器和搅拌器(系统已将本次实验的加热功率和八份试样的通电累计时间值自动保存)。

f. 实验结束后,取下保温杯盖,用去离子水冲洗加热器、温度传感器和加样漏斗,放在支架上晾干。将保温杯中的溶液回收,洗净保温杯和转子,室温下晾干。

【注意事项】

(1)本实验应确保试样充分溶解,因此实验前必须研磨。

(2)注意加入试样的速度,防止试样进入保温杯过速,致使磁子陷住不能正常搅拌;但试样如加得太慢也会引起实验误差。

(3)实验时需有合适的搅拌速度,搅拌太慢,会因水的传热性差而导致 Q_s 值偏低;搅拌太快,会以功的形式向系统中引入能量。

(4)实验结束后,保温杯中不应存在硝酸钾固体,否则需要重做实验。

(5)将仪器放置在无强电磁干扰的区域内。

(6)不要将仪器放置在通风的环境中,尽量保持仪器附近的气流稳定。

【数据处理】

(1)计算每次加入硝酸钾后的累计质量 $m(KNO_3)$ 和通电累计时间 t。

(2)根据溶剂的质量和加入溶质的质量,求算溶液的浓度,以 n_0 表示:

$$n_0 = \frac{n(H_2O)}{n(KNO_3)} = \frac{200 \text{ mL}}{M(H_2O)} \Big/ \frac{m_{累}}{M(KNO_3)} = \frac{1\ 111}{m_{累}}$$

(3)计算每次溶解过程的热效应。

$$Q = UIt = Kt$$

(4)计算出的 Q 值进行换算,求出当把单位物质的量的硝酸钾溶于物质的量为 n_0 的水中的积分溶解热 Q_s。

$$Q_s = \frac{Q}{n(KNO_3)} = \frac{Kt}{m(KNO_3)/M(KNO_3)} = \frac{101.1 \text{ g} \cdot \text{mol}^{-1} Kt}{m(KNO_3)}$$

$$n_0 = \frac{n(H_2O)}{n(KNO_3)}$$

(5)将以上数据列表并作 Q_s-n_0 图,从图中求出 n_0=80、100、200、300 和 400 处的积分溶解热、微分溶解热和微分冲淡热,以及 n_0 从 80～100、100～200、200～300、300～400 的积分冲淡热。

用计算机处理数据,按以下步骤进行:

①回到系统主界面按下"数据处理"菜单,并输入水的质量和各份试样质量。再按下"以当前数据处理"钮,则软件自动计算处每份试样的 Q_s、n_0 和 n_0 为 80、100、200、300、400 时 KNO_3 的积分溶解热、微分溶解热、微分冲淡热,n_0 从 80~100、100~200、200~300、300~400 时 KNO_3 的积分冲淡热。按显示器右上角的"下一页"按钮,出现计算机自动画的 Q_s-n_0 图,再按"打印"按钮即可打印处理的数据和图表。

②如果需要保存当前数据到文件,那么按"保存数据到文件",然后根据提示输入文件名,按"OK"保存数据。

③如果需要调出以前的实验数据来处理,那么按"读取数据文件"按钮,并根据提示输入文件名来读取数据。

【思考题】

(1)对本实验的装置你有何改进意见?

(2)影响本实验结果的因素有哪些?

【讨论】

(1)欲准确测定溶解热,要求仪器装置绝热良好,系统和环境间的热交换尽量稳定并降至最小。采用保温瓶并加盖,以减少辐射、传导、对流、蒸发等形式的热交换。实验过程中需均匀、稳定的搅拌,以促进溶质的溶解。

(2)实验开始时,系统的设定温度比环境高 0.5 ℃,是为了系统在实验过程中能更接近绝热条件,减小热交换。

(3)本实验装置除测定溶解热外,还可以测定中和热、水化热、生成热及液态有机物的混合热等,但应根据需要,设计合适的反应池。如中和热的测定,可将溶解热装置的漏斗换为一个碱储存器,以便将碱液加入。

实验 4　B-Z 振荡反应

【实验目的及要求】

(1)了解 Belousov-Zhabotinskii 反应(B-Z 反应)的基本原理。

(2)初步理解自然界中普遍存在的非平衡非线性的问题。

【实验原理】

非平衡非线性问题是自然科学领域中普遍存在的问题,大量的研究工作正在进行。研究的主要问题是:系统在远离平衡状态下,由于本身的非线性动力学机制而产生宏观时空有序结构,称为耗散结构。最典型的耗散结构是 B-Z 系统的时空有序结构,B-Z 系统是指由溴酸盐、有机物在酸性介质中,在有(或无)金属离子催化下构成的系统。它是由苏联科学家 Belousov 发现,后经 Zhabotinskii 深入研究而得名。

1972 年,R. J. Field、E. Koros 和 R. M. Noyes 等人通过实验对 B-Z 振荡反应做出了解释。其主要思想是:系统中存在两个受溴离子浓度控制过程 A 和 B,当[Br⁻]高于临界浓度[Br⁻]$_{cr}$时发生 A 过程,当[Br⁻]低于[Br⁻]$_{cr}$时发生 B 过程。也就是说[Br⁻]起着开关作用,它控制着从 A 到 B 过程,再由 B 到 A 过程的转变。在 A 过程中,由于化学反应[Br⁻]降低,当[Br⁻]低于[Br⁻]$_{cr}$时,B 过程发生。在 B 过程中,再生,[Br⁻]增加,当[Br⁻]达到[Br⁻]$_{cr}$时,A 过程发生,这样系统在 A 过程,B 过程间往复振荡。下面用 $BrO_3^- $-$Ce^{4+}$-MA-$H_2SO_4$ 系统为例加以说明。

当[Br⁻]浓度足够高时,发生 A 过程:

$$BrO_3^- + Br^- + 2H^+ \xrightarrow{k_1} HBrO_2 + HOBr \tag{4-1}$$

$$HBrO_2 + Br^- + H^+ \xrightarrow{k_2} 2HOBr \tag{4-2}$$

其中第一步是速率控制步,当达到准定态时,有

$$[HBrO_2] = \frac{k_1}{k_2}[BrO_3^-][H^+]$$

当[Br⁻]浓度低时,发生下列 B 过程,Ce^{3+} 被氧化。

$$BrO_3^- + HBrO_2 + H^+ \xrightarrow{k_3} 2BrO_2 + H_2O \tag{4-3}$$

$$BrO_2 + Ce^{3+} + H^+ \xrightarrow{k_4} HBrO_2 + Ce^{4+} \tag{4-4}$$

$$2HBrO_2 \xrightarrow{k_5} BrO_3^- + HOBr + H^+ \tag{4-5}$$

反应(4-3)是速度控制步,反应经(4-3)、(4-4)将自催化产生 $HBrO_2$,达到准定态时有

$$[HBrO_2] \approx \frac{k_3}{2k_5}[BrO_3^-][H^+]$$

由反应（4-2）和（4-3）可以看出：Br^- 和 BrO_3^- 是竞争 $HBrO_2$ 的。当 $k_2[Br^-] >$ $k_3[BrO_3^-]$ 时，自催化过程（4-3）不可能发生。自催化是 B-Z 振荡反应中必不可少的步骤。否则该振荡不能发生。Br^- 的临界浓度为

$$[Br^-]_{cr} = \frac{k_3}{k_2}[BrO_3^-] = 5 \times 10^{-6}[BrO_3^-]$$

Br^- 的再生可以通过下列过程实现：

$$4Ce^{4+} + BrCH(COOH)_2 + H_2O + HOBr \xrightarrow{k_6} 2Br^- + 4Ce^{3+} + 3CO_2 + 6H^+ \tag{4-6}$$

该系统的总反应为：

$$2H^+ + 2BrO_3^- + 3CH_2(COOH)_2 \longrightarrow 2BrCH(COOH)_2 + 3CO_2 + 4H_2O \tag{4-7}$$

振荡的控制物种是 Br^-。

在实验过程中，溶液的电势随着物种浓度的变化而周期性的变化，因此记录下电势-时间曲线就可以推测溶液中发生的变化。B-Z 振荡反应实验装置图如图 4-1 所示。B-Z 振荡反应数据采集接口装置记录铂丝电极与参比电极间的电势以及温度传感器的信号，经过转换以后传送到计算机，计算机同时记录时间，就可以得到电势-时间曲线。

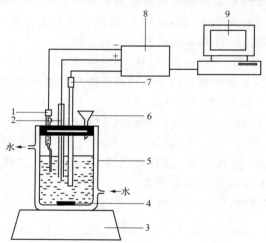

1—参比电极；2—铂丝电极；3—磁力搅拌器；4—搅拌子；5—夹套反应器；
6—漏斗；7—温度传感器；8—数据采集接口装置；9—计算机

图 4-1   B-Z 振荡反应实验装置图

从电势-时间曲线（图 4-2）上看，从加入所有反应物种到开始发生周期性振荡的时间为诱导时间 $t_{诱}$。诱导时间与速率成反比，即 $\frac{1}{t_{诱}} \propto k$，而根据阿伦尼乌斯公式可知 $k = k_0 \exp\left(-\frac{E_表}{RT}\right)$，从而可得到

$$\ln\left(\frac{1}{t_{诱}}\right) = \ln B - \frac{E_表}{RT} \tag{4-8}$$

式中，k_0，B 均为常数；$E_表$ 为表观活化能。

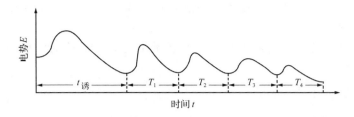

图 4-2　电势-时间曲线

如果测出不同反应温度下的 $t_诱$，然后以 $\ln\left(\dfrac{1}{t_诱}\right)$ 对 $\dfrac{1}{T}$ 作图，就可以由斜率求出表观活化能 $E_表$。

【仪器和药品】

仪器：100 mL 夹套反应器 1 只，超级恒温槽 1 台，磁力搅拌器 1 台，记录仪 1 台，计算机 1 台，铂丝电极 1 根，217 型甘汞电极 1 根。

药品：丙二酸（AR），溴酸钾（GR），硫酸铈铵（AR），溴化钠（AR），浓硫酸（AR），1 mol・L^{-1} 硫酸溶液，试亚铁灵溶液。

【实验步骤】

(1)洗净反应器，按图 4-1 连接仪器，打开超级恒温槽，将温度调节至 25 ℃。

(2)配制 0.45 mol・L^{-1} 丙二酸 250 mL，0.25 mol・L^{-1} 溴酸钾 250 mL，硫酸 3.00 mol・L^{-1} 250 mL，硫酸铈铵 250 mL。

(3)打开计算机和记录仪，预热 10 min。运行记录软件，根据使用说明设置各项参数。

(4)在反应器中加入已配好的丙二酸溶液、溴酸钾溶液、硫酸溶液各 15 mL，恒温 5 min 后加入已在 25 ℃恒温的硫酸铈铵溶液 15 mL，立即按照仪器说明记录电势-时间曲线，同时观察溶液的颜色变化。反应足够长的时间后停止记录。

(5)按照上述方法改变温度为 30 ℃、35 ℃、40 ℃、45 ℃、50 ℃重复实验。

(6)观察 NaBr-NaBrO$_3$-H$_2$SO$_4$ 系统加入试亚铁灵溶液后的颜色变化及时空有序现象。

①配制三种溶液 a、b、c。

溶液 a：取 3 mL 浓硫酸稀释在 134 mL 水中，加入 10 mg 溴酸钾溶解。

溶液 b：取 1 g 溴化钠溶解在 10 mL 水中。

溶液 c：取丙二酸 2 g 溶解在 20 mL 水中。

②在一个小烧杯中，先加入 6 mL 溶液 a，再加入 0.5 mL 溶液 b，再加 1 mL 溶液 c，几分钟后，溶液变成无色，再加 1 mL，0.025 mol・L^{-1} 的试亚铁灵溶液充分混合。

③把溶液注入一个直径为 9 cm 的培养皿中（清洁），加上盖。此时溶液呈均匀红色。几分钟后，溶液出现蓝色，并呈环状向外扩展，形成各种同心圆状花纹。

【注意事项】

(1)实验中溴酸钾试剂纯度要求高。

(2)217 型甘汞电极洗净氯化钾溶液后注入 1 mol・L^{-1} 硫酸作液体接界组成参比电极。

（3）配制 0.004 mol·L^{-1} 的硫酸铈铵溶液时，一定要在 0.20 mol·L^{-1} 硫酸介质中配制。防止发生水解呈浑浊。

（4）所使用的反应容器一定要冲洗干净，转子位置及速度都必须加以控制。

【数据处理】

（1）从软件中读出诱导时间 $t_{诱}$ 和反应温度。

（2）根据 $t_{诱}$ 与温度数据作 $\ln\left(\dfrac{1}{t_{诱}}\right) - \dfrac{1}{T}$ 图，求出表观活化能。

【思考题】

（1）影响诱导期的主要因素有哪些？

（2）本实验记录的电势主要代表什么意思？与能斯特方程求得的电势有何不同？

【讨论】

运用微机的控制和运算，可以准确可靠地进行化学参数测量，并直观地把图线展示出来。

由于记录仪和记录软件的设计不同，有关的操作以各厂家的说明书为准。某种型号的 B-Z 振荡反应的计算机控制原理图如图 4-3 所示。此装置由 PC 机、8098 系统、放大部分、传感器部分、控制部分组成。

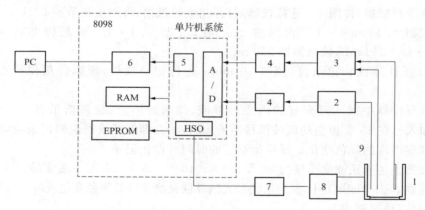

1—反应器；2—温度传感器数据采集；3—电势差数据采集；4—放大器；5—串行口；
6—RS232C 电平数模；7—继电器控制单元；8—超级恒温槽；9—温度传感器；
图 4-3 B-Z 振荡反应的计算机控制原理图

测定电极的电势信号经放大器放大，以及超级恒温槽的温度经温度传感器转变为电压信号，经放大器放大被 8098 系统采集，经通信口发送到 PC 机。再由 PC 机发出命令通过 RS232C 接口接到 8098 触点。8098 的 HSO 输出高/低电压，并通过功率驱动带动继电器吸引放开，控制加热电源，保持温度的需要。

实验时首先把 PC 机与接口装置连接好，接口装置上的输入输出线与实验装置连接。然后打开电源，按计算机指令（软件提前输入）逐一操作，屏幕上显示当前系统温度，而且进行电势采集扫描，测量曲线就直观地展示在眼前，其扫描速度可根据需要调节。实验结束后，可重新调出图形，进行数据处理。

实验 5　气相色谱法测定无限稀释溶液的活度系数

【实验目的及要求】

(1)掌握气相色谱法测定无限稀释溶液的活度系数的原理和操作方法。

(2)熟悉气相色谱仪的构成、原理及操作方法。

(3)用气相色谱法测定苯和环己烷在邻苯二甲酸二壬酯中的无限稀释活度系数。

【实验原理】

活度系数是研究溶液热力学性质的重要数据,也是工程设计的重要参数。用经典的方法测定气液平衡数据,需消耗较多的人力、物力和财力。如果有无限稀释条件下二元系统的活度系数,那么可确定活度系数与溶液组成关联式中的常数,从而可推算出全组成范围的活度系数。这些常数对多元系统的计算也很有用。

采用气相色谱法测定无限稀释溶液的活度系数,样品用量少,测定速度快,仅将一般色谱仪稍加改装即可使用。目前,这一方法已从只能测定易挥发溶质在难挥发溶剂中的无限稀释活度系数,扩展到可以测定在挥发性溶剂中的无限稀释活度系数。因此,该法在溶液热力学性质研究、气液平衡数据的推算、萃取精馏中溶剂的评选和气体溶解度的测定等方面的应用日益显示出重要作用。

在气相色谱为线性分配等温线、气相为理想气体、载体对溶质的吸附作用可忽略等简化条件下,根据气体色谱分离原理和气液平衡关系,可推导出溶质在固定液上进行色谱分离时,溶质的校正保留体积与溶质在固定液中无限稀释活度系数之间的关系式。根据溶质的保留时间和固定液的质量,计算出保留体积,就可得到溶质在固定液中的无限稀释活度系数。

实验所用的色谱柱固定液为邻苯二甲酸二壬酯。样品苯和环己烷进样后气化,并与载气混合后成为气相。

(1)活度系数计算公式

液相活度系数可以用 Wilson 方程来计算,对于二元体系,则有

$$\ln \gamma_1 = -\ln(x_1 + \Lambda_{12}x_2) + x_2\left(\frac{\Lambda_{12}}{x_1 + \Lambda_{12}x_2} - \frac{\Lambda_{21}}{x_2 + \Lambda_{21}x_1}\right) \tag{5-1}$$

$$\ln \gamma_2 = -\ln(x_2 + \Lambda_{21}x_1) + x_1\left(\frac{\Lambda_{12}}{x_1 + \Lambda_{12}x_2} - \frac{\Lambda_{21}}{x_2 + \Lambda_{21}x_1}\right) \tag{5-2}$$

对于无限稀释溶液,则有

$$\ln \gamma_1^{\infty} = -\ln \Lambda_{12} + (1 - \Lambda_{21}) \tag{5-3}$$

$$\ln \gamma_2^{\infty} = -\ln \Lambda_{21} + (\Lambda_{12} - 1) \tag{5-4}$$

式中,$\ln \gamma_1^{\infty}$ 为组分 1 的无限稀释活度系数;$\ln \gamma_2^{\infty}$ 为组分 2 的无限稀释活度系数。

通过实验测得了 $\ln \gamma_1^\infty$、$\ln \gamma_2^\infty$，便可求得配偶参数 Λ_{12}、Λ_{21}。

（2）平衡方程

Littlewood 认为在气相色谱中，载体对溶质的作用不计，固定液与溶质之间有气液溶解平衡关系。

把气体（载气和少量溶质）看成理想气体，又由于溶质的量很少（4～5 μL），可以认为吸附平衡时，被吸附的溶质 i 分子处于固定液的包围之中，因此

$$p_i = p_i^* \gamma_i^\infty x_i = p_i^* \gamma_i^\infty \frac{n_L}{N_L} \tag{5-5}$$

式中，p_i 为溶质 i 在气相中的分压；p_i^* 为溶质 i 在柱温 T 时的饱和蒸气压；γ_i^∞ 为溶质 i 在固定液中二元无限稀释溶液的活度系数；x_i 溶质 i 分配在液相中的摩尔分数；N_L 为固定液（本实验采用邻苯二甲酸二壬酯）的物质的量。

（3）分配系数和分配比

分配系数是指在一定温度下，处于平衡状态时，组分在固定液与载气中的浓度之比，以 K 表示，即

$$K = \frac{c_L}{c_G} \tag{5-6}$$

式中，c_L 为溶质在固定液中的浓度；c_G 为溶质在载气中的浓度。

若固定液和载气的体积分别用 V_L、V_G 表示，则分配系数变为

$$K = \frac{n_L/V_L}{n_G/V_G} \tag{5-7}$$

式中，n_L 为分配在固定液中的溶质的物质的量；n_G 为分配在载气中的溶质的物质的量。

分配比 R 是溶质在两相中的质量比，可用下式表示

$$R = \frac{W_L}{W_G} = \frac{n_L}{n_G} \tag{5-8}$$

式中，W_L 为溶质在液相中的质量；W_G 为溶质在气相中的质量。

由式（5-7）、式（5-8）可知

$$R = K \frac{V_L}{V_G} = \frac{K}{\beta} \tag{5-9}$$

其中，β 为相比率，即

$$\beta = \frac{V_G}{V_L} \tag{5-10}$$

（4）保留时间

溶质在色谱柱中的停留总时间为保留时间 t_R，载气流过色谱柱的时间为死时间 t_M，溶质在固定液中真正的停留时间为调整保留时间 t_R'，显然 $t_R' = t_R - t_M$。

（5）保留时间与分配比的关系

一般认为，分配比

$$R = \frac{W_L}{W_G} = \frac{t_R'}{t_M} = \frac{K}{\beta} \tag{5-11}$$

因此

$$t_R = t_M + t_R' = t_M + R t_M = t_M(1+R) = t_M\left(1 + \frac{K}{\beta}\right) = t_M\left(1 + K\frac{V_L}{V_G}\right) \tag{5-12}$$

从气化室到检测室之间的全部气路的空间体积为死体积 V_M，即

$$V_M = V_G + V_I + V_D$$

式中，V_G 为色谱柱内气相空间体积；V_I 为气化室内气相空间体积；V_D 为检测室内气相空间体积。

通常认为 $V_M \approx V_G$。

死时间可以由实验直接测定，根据柱温和柱内平均压力下载气流速 $\overline{F}_C$，可以计算出死体积 V_M。

（6）载气流速

载气流速用皂膜流量计测定，在检测器出口测得室温 T_0 K 和大气压 p_0 下的载气流速 F_0，其中含有室温下的饱和水蒸气，扣除水蒸气，得到大气压力下载气流速 F：

$$F = \frac{p_0 - p_w}{p_0} F_0 \tag{5-13}$$

利用下式将 F 换算成柱温 T_C 及出口压力下的载气校正流速 F_C：

$$F_C = F \frac{T_C}{T_0} = F_0 \frac{p_0 - p_w}{p_0} \frac{T_C}{T_0} \tag{5-14}$$

色谱柱内的平均压力 $\overline{p}_C$ 可用柱前压 p_b、柱后压 p_0 按照下式来计算：

$$\overline{p}_C = \frac{2}{3} \left[\frac{\left(\frac{p_b}{p_0}\right)^3 - 1}{\left(\frac{p_b}{p_0}\right)^2 - 1} \right] p_0 = \frac{1}{j} p_0 \tag{5-15}$$

色谱柱内的平均压力 $\overline{p}_C$ 下的载气流速 $\overline{F}_C$ 与校正流速 F_C（常压）之间的关系为 $\overline{F}_C = j F_C$。

（7）保留体积

保留体积：$V_R = t_R F_C$。

调整保留体积：$V'_R = t'_R F_C$。

净保留体积：$V_N = j V'_R$（柱子压力下）。

因此

$$V_N = j \cdot t'_R F_C = j \cdot F_C (t_R - t_M) = \overline{F}_C (t_R - t_M)$$
$$= \overline{F}_C \left(t_M + t_M K \frac{V_L}{V_G} - t_M \right) = \overline{F}_C t_M K \frac{V_L}{V_G}$$
$$= V_M K \frac{V_L}{V_G} = K V_L = \frac{n_L V_G}{n_G V_L} V_L = \frac{n_L V_G}{n_G} \tag{5-16}$$

（8）推导结论

由式（5-5）得

$$\gamma_i^\infty = \frac{p_i N_L}{p_i^0 n_L} = \frac{N_L}{p_i^0} \frac{p_i}{n_L} = \frac{N_L}{p_i^0} \frac{n_G R T_C}{V_G} \frac{1}{n_L} = \frac{N_L}{p_i^0} R T_C \frac{n_G}{V_G n_L} = \frac{W_L}{M_L} \frac{R T_C}{p_i^0} \frac{1}{V_N} \tag{5-17}$$

$$V_N = j \cdot t'_R F_C = j \cdot t'_R F_C = t'_R \overline{F}_C \tag{5-18}$$

$$\overline{F}_C = \frac{3}{2} \left[\frac{\left(\frac{p_b}{p_0}\right)^2 - 1}{\left(\frac{p_b}{p_0}\right)^3 - 1} \right] \frac{p_0 - p_w}{p_0} \frac{T_C}{T_0} F_0 \tag{5-19}$$

【实验装置】

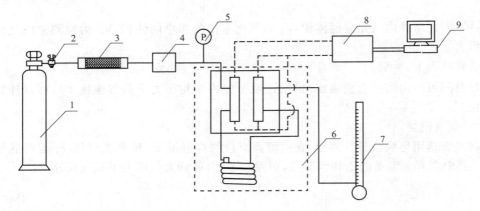

1—气体钢瓶；2—减压调节阀；3—净化干燥器；4—稳压阀；5—标准压力表；
6—色谱仪；7—皂膜流量计；8—工作站；9—计算机

图 5-1   实验装置流程图

【仪器和药品】

仪器：GC7980 型气相色谱仪(配填充柱及 TCD 检测器)，皂膜流量计，10 μL 微量进样器，秒表，气体钢瓶。

药品：苯，环己烷，皂液。

【实验步骤】

(1)检查气路和电路是否连通，如没有问题按流程图连接好。

(2)打开载气瓶开关，调节钢瓶出口减压阀，调至进气 0.2 MPa，用肥皂水检漏。

(3)如不漏，开启色谱电源开关，根据要求调节温度[控制气化室(100～120 ℃)、色谱柱室温度(80～100 ℃)和检测器温度(100～120 ℃)]，待温度稳定后调节桥电流为120 mA(氢气作载气，如果氮气作载气，桥电流设为 50～80 mA)。

(4)打开色谱工作站软件并调节色谱减压阀，用皂膜流量计和秒表测量载气流速，同时记录 U 形差压计读数、室温和大气压。

(5)用 5 μL 微量注射器抽取样品 0.2 μL，再吸入空气 5 μL，一起进样。按色谱工作站-计算机系统图谱计时，测量空气峰和溶质峰的保留时间。每个样品重复进行 2～3 次测定，如重复性好，取其平均值，否则需重新测试。

(6)关机。待检测器温度低于 100 ℃，先关色谱，再关载气。

【注意事项】

(1)色谱电流开启，一定要有载气通过。如有色谱问题，请看色谱说明书。

(2)关闭色谱时，必须是先关色谱，最后关载气。

【数据处理】

(1)将测得的数据及计算结果列成表格。

(2)利用测得的数据，计算苯、环己烷在邻苯二甲酸二壬酯中的无限稀释活度系数。

【思考题】

(1)无限稀释活度系数的定义是什么？测定这个参数有什么用处？

(2)气相色谱基本原理是什么？色谱仪有哪几个基本部分组成？各起什么作用？

(3)测 γ^∞ 的计算式推导做了哪些合理的假设？

(4)影响测定准确度的因素有哪些？

【讨论】

(1)气相色谱法测定无限稀释溶液的活度系数基于以下假设：

①因样品量非常少,可假定组分在固定液中是无限稀释的,并服从亨利定律,且因色谱柱内温差较小,可认为温度恒定。

②因组分在气液两相中的量极微且扩散迅速,气相色谱中的动态平衡与真正的静态平衡十分接近,可假定色谱柱内任何点均达到气液平衡。

③将气相作为理想气体处理。

④固定液将色谱柱内的担体表面完全覆盖,担体不吸附组分。

(2)利用气相色谱法测定无限稀释溶液的活度系数的方法简便、快速,样品用量少,且结果较准确,比经典方法用时少,误差小。

(3)气相色谱法测定无限稀释溶液的活度系数仅限于那些由一高沸点组分和一低沸点组分组成的二元体系。此外,该方法不能测定有限浓度下的活度系数,只能测定无限稀释活度系数,且是高沸点组分液相浓度为 1,低沸点组分液相浓度趋近于 0 时,低沸点组分的无限稀释活度系数,反之则不能。

实验 6 液体饱和蒸气压的测定
——静态法

【实验目的及要求】

(1)掌握使用静态法测定纯液体在不同温度下的饱和蒸气压,并计算平均摩尔汽化焓。

(2)掌握测压仪及真空泵的使用方法及注意事项。

(3)了解低真空管线中各部分的作用。

(4)学会用图解法求所测温度范围内的平均摩尔汽化焓及正常沸点。

【实验原理】

饱和蒸气压是指在一定的温度下,封闭体系中的纯物质处于气液两相平衡时蒸气的压力。液体的蒸气压与液体本身的性质和温度等因素有关。当纯物质在气液两相间建立平衡时,其平衡温度 T、平衡压力 p 二者存在依赖关系。即保持纯物质两相平衡时,温度、压力其中一个变化,另一个必改变。

液体的饱和蒸气压与温度的关系可以用克劳修斯(Clausius)-克拉珀龙(Clapeyron)方程,简称克-克方程来描述:

$$\frac{\mathrm{d}\ln\{p^*\}}{\mathrm{d}T}=\frac{\Delta_{\mathrm{vap}}H_{\mathrm{m}}^*}{RT^2} \tag{6-1}$$

式(6-1)为克-克方程的微分形式。其中,"*"表示纯物质;p^* 为液体的饱和蒸气压,Pa;T 为液体的沸点,K;$\Delta_{\mathrm{vap}}H_{\mathrm{m}}^*$ 为液体的摩尔汽化焓,$J\cdot mol^{-1}$;R 为气体常数,$J\cdot mol^{-1}\cdot K^{-1}$。在温度变化不大的情况,$\Delta_{\mathrm{vap}}H_{\mathrm{m}}^*$ 可视为常数,可作为平均摩尔汽化焓。若视 $\Delta_{\mathrm{vap}}H_{\mathrm{m}}^*$ 为与温度 T 无关的常数,将式(6-1)进行不定积分,得

$$\ln\{p^*\}=-\frac{\Delta_{\mathrm{vap}}H_{\mathrm{m}}^*}{RT}+C \tag{6-2}$$

式(6-2)为克-克方程的不定积分式,克-克方程提供了一种不用量热技术测定液体汽化焓的方法。通过测定一系列温度下的饱和蒸气压,以 $\ln\{p^*\}$ 对 $\frac{1}{T}$ 作图,如图 6-1 所示,得到一条直线,其斜率为 $m=-\Delta_{\mathrm{vap}}H_{\mathrm{m}}^*/R$。由斜率就可以求出待测液体在测量温度范围内的平均摩尔汽化焓。

本实验用静态法测定给定液体在不同温度下的饱和蒸气压,实验装置图如图 6-2 所示。

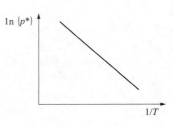

图 6-1 $\ln\{p^*\}$-$\frac{1}{T}$ 图

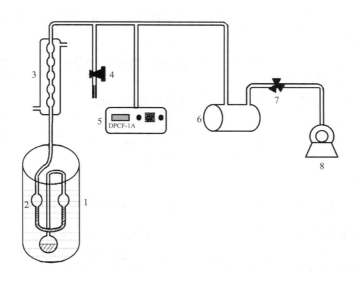

1—恒温水浴槽;2—平衡管;3—冷凝管;4—放气阀;5—测压仪;6—缓冲罐;7—三通阀;8—真空泵

图 6-2   静态法测定液体饱和蒸气压实验装置图

【仪器和药品】

仪器:恒温水浴槽(HK-1D 型),平衡管,冷凝管,测压仪(DPCF-1A),真空稳压包(缓冲罐)WYB-1 型,真空泵。

药品:无水乙醇。

【实验步骤】

(1)打开放气阀、三通阀使装置、缓冲罐与大气相通(三通阀指下"⊥")。打开测压仪,此时测压仪指数应为 0,如果不为 0,按"置零"键。记录当前大气压,打开恒温水浴槽的温度控制器,设定实验温度 25 ℃,开启恒温水浴槽加热及搅拌。

(2)检查系统是否漏气:关闭放气阀,旋转三通阀至与大气相通(三通阀指向窗户),启动真空泵。缓慢旋转三通阀使真空泵与系统相通(三通阀指上"⊥"),与大气隔绝,以每秒一个气泡的速率向外抽气,直至系统与大气的压差达 50 kPa。旋转三通阀至三面都不相通,此时观察测压仪读数的变化情况,若 5 min 之内,测压仪的压差变化不超过0.15 kPa,则可认为装置的气密性良好。否则,需找出漏点并密封。

(3)调节冷凝管中水流适中。待水浴温度稳定后,缓慢旋转三通阀使真空泵与系统相通,与大气隔绝,以每秒一个气泡的速率向外抽气,当气泡呈长柱形时(系统与大气的压差达 93 kPa),旋转三通阀使真空泵与大气相通(三通阀指向窗户),与系统隔绝,关泵。

(4)调节放气阀向系统内缓慢放气,直至 U 形管中双臂液面等高,3~5 min 不变。记录测压仪示值。(注意:放气的速度应非常缓慢,防止气体倒灌)

(5)调节恒温水浴槽的温度控制器,设定实验温度 27 ℃,调节放气阀向系统内缓慢放气,直至 U 形管中双臂液面等高,3~5 min 不变,记录测压仪示值。重复本步骤,分别测试 29 ℃、31 ℃、33 ℃、35 ℃下的乙醇饱和蒸气压。

(6)待所有数据记录完成后,打开放气阀放气,待测压仪指数为 0 时,将旋转三通阀至三面相通(三通阀指下"┬")。关闭测压仪,关闭恒温水浴槽,关闭冷凝水。

【注意事项】

(1)测压仪示值是大气压与系统压力的差值。因此,只有在系统压力为大气压时可以"置零"。

(2)抽气速度一定要慢,否则会造成等压计内乙醇迅速汽化,空气反而不能抽净,使实验结果产生较大误差。

(3)调节放气阀时要紧盯着等压计两端的液面,切不可将空气通过液封放入样品储存瓶一端。一旦放过,必须重新开泵抽出放入的空气。

【数据处理】

(1)列出液体饱和蒸气压测定数据表,并将所得到的数据填写在表 6-1 中。

(2)在坐标纸上以 $\ln\{p^*\}$ 对 $\dfrac{1}{T}$ 作图,并由直线斜率求出乙醇的平均摩尔汽化焓。

表 6-1　液体饱和蒸气压测定数据表

温度/℃	测压仪读数/kPa	大气压/kPa	乙醇蒸气压/kPa	$\ln\{p^*\}$/Pa	$\dfrac{1}{T}$/K^{-1}
25					
27					
29					
31					
33					
35					

【思考题】

(1)为什么必须先使真空泵与大气相通后,才能给真空泵断电?

(2)不将样品瓶上方空气抽净会对实验造成什么影响?

(3)缓冲罐的作用是什么? 为什么 25 ℃时乙醇蒸气压的测定时间较长,后面的测定越来越容易?

(4)平衡管的 U 形管所贮存的液体的作用是什么?

【讨论】

(1)真空装置(测压仪)简介,见附录 2。

(2)测定蒸气压的方法除本实验介绍的静态法外,还有动态法、气体饱和法等。但以静态法准确性较高。动态法是利用测定液体沸点求出蒸气压与温度的关系,即利用改变外压测得不同的沸点温度,从而得到不同温度下的蒸气压。

气体饱和法是利用一定体积的空气以缓慢的速率通过一种易挥发的待测液体,空气被该液体饱和。分析混合气体中各组分的量以及总压,再按道尔顿分压定律求算混合气体中蒸气的分压,即该液体的蒸气压。

实验 7　完全互溶双液系 *t-x* 图的绘制

【实验目的及要求】

(1)了解蒸馏法绘制具有恒沸点的二组分气液平衡相图的原理与方法。

(2)了解阿贝折射仪的工作原理及试样折射率的测量方法。

【实验原理】

两个组分在液态时以任意比例混合都能完全互溶时,这样的系统叫作液态完全互溶系统。在恒定外压的条件下,完全互溶双液系沸点-组成(t-x)图(图 7-1)可以有以下两种情况:

(1)组成完全互溶双液系的两种组分物性比较相近,如 $C_6H_5CH_3$—C_6H_6,该类双液系的 t-x 曲线无极大值和极小值,如图 7-1(a)所示。

(2)组成完全互溶双液系的两种组分物性相差较大,如 H_2O—C_2H_5OH 及 $CHCl_3$—C_3H_6O,由于溶液组分相互影响,常与拉乌尔定律有较大的偏差,因此在 t-x 图上表现出最低共沸点或者最高共沸点,如图 7-1(b),7-1(c)所示。

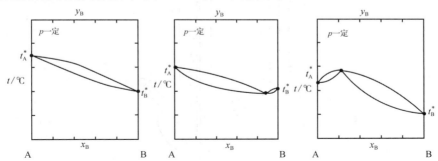

(a)完全互溶双液系的相图　　(b)有最低共沸点的相图　　(c)有最高共沸点的相图

图 7-1　完全互溶双液系沸点-组成(t-x)图

本实验绘制完全互溶双液系 t-x 图的原理如下:总成分为 x 的溶液开始蒸馏时,体系的温度上升,当达到系统的沸点时,气液两相平衡,分别用阿贝折射仪测量其气相及液相折射率,在标准曲线中读取气相及液相组成,将沸点、气相组成及液相组成绘制在坐标纸中。改变体系的总成分,再如上法找出另一对坐标点,这样测得若干对坐标点后,分别按气相点和液相点连成气相线和液相线,即 t-x 图。

【仪器和药品】

仪器:沸点测定仪,阿贝折射仪(附录 3),精密稳流电源(YP-2B 型),数字式温度计(NTY-9B 型),超级恒温水浴(HK-2A 型),台灯,长滴管(1 只),短滴管(1 只),漏斗(1 个),注射器(1 只),洗耳球(1 个),样品瓶(6 个)。

药品:乙醇,环己烷。

【实验步骤】

(1)打开超级恒温水浴,调节超级恒温水浴的温度为 25 ℃。打开冷凝水,打开数字式温度计。

(2)在 1～6 号样品瓶中,任选一瓶已经配置好的溶液(可以从 1 号测至 6 号,也可以从 6 号测至 1 号),用漏斗从短口处加入沸点测定仪(图 7-2)中。调节冷凝水流量适中,打开精密稳流电源,调节加热电流及电压(电流及电压不宜过大,防止暴沸),使蒸汽在冷凝管中回流的高度保持在冷凝管下方 1.5 cm 处。溶液沸腾后,将气相冷凝液储槽中的液体倾倒回蒸馏瓶中(利用铁架台将沸点测定仪整体倾斜 45°),待溶液再次沸腾(温度计的读数稳定后),记录溶液沸点。并用长滴管从冷凝管的上端,在气相冷凝液储槽中抽取气相冷凝液 2～3 滴,滴加到阿贝折射仪中(阿贝折射仪的使用见附录 3),读取并记录气相样品折射率,通过标准的乙醇-环己烷折射率曲线,读取环己烷的组成。打开阿贝折射仪,用洗耳球吹干阿贝折射仪中的残余液体。关闭精密稳流电源,用短滴管从沸点测定仪短口处吸取液相溶液 2～3 滴,滴加到阿贝折射仪中,读取并记录液相样品折射率,通过标准的乙醇-环己烷折射率曲线,读取环己烷的组成。

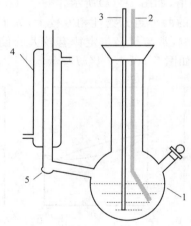

1—圆底烧瓶;2—加热器;3—温度传感器;4—冷凝管;5—气相冷凝液储槽

图 7-2 沸点测定仪

气相样品和液相样品的折射率都测完后,用注射器从沸点测定仪的短口处吸出,放回到样品瓶,在移动的过程中保持注射器的插栓位置不动,防止液体流出,如沸点测定仪中还有少量液体,可以用短滴管将其吸出放回样品瓶中。

(3)更换另外一瓶样品,重复实验步骤(2),测定其样品瓶中液体的沸点及气相、液相折射率,记录在表格中。

(4)测量其他样品瓶中样品沸点及气相、液相折射率,记录在表格中。

(5)待所有数据记录完成后,切断数字式温度计电源,切断超级恒温水浴电源,关闭冷凝水。进行数据处理,绘制乙醇-环己烷 t-x 图。

【注意事项】

(1)本实验是在常压下测定溶液的沸点,平衡时沸点是恒定的。如果发现沸腾后沸点仍然在不断地升高或降低,可能是橡皮塞没塞紧,漏气,也可能是加热功率太大或冷凝水流量不够。

(2)每次加入沸点测定仪里的样品的体积要一定。因为对同一样品,加入的量不同,加热棒和温度计侵入样品的深度不同,沸点也不同。

(3)取样管、阿贝折射仪的毛玻璃面在取样测定前一定要处理干净,不能有上次测定的残留液。

(4)取液相溶液之前一定要先断电,取样后要马上把磨口盖盖好,防止液体挥发造成室内空气污染。

【数据处理】

(1)列出双液系平衡相图测定数据表,将所得到的数据填写在表 7-1 中。

(2)在坐标纸上画出 t-x 图,并标明各个区域的相、相数及自由度。

(3)在 t-x 图上找出最低共沸点和最低共沸组成。

表 7-1　双液系平衡相图测定数据表

样品编号	沸点/℃	气相折射率	气相组成	液相折射率	液相组成
1					
2					
3					
4					
5					
6					
7	73	—	0.750	—	0.960

【思考题】

(1)气相冷凝液储槽过大或者过小会对实验造成怎样的影响?

(2)为什么取气相冷凝液时不需要关闭加热电源,取液相溶液时,需要关闭加热电源?

(3)1～6 号溶液是否需要精确配置,测量下一组样品时,上组样品的残留是否会对实验产生影响?

(4)阿贝折射仪或滴管中有上组样品残留,是否会对实验产生影响? 请分析原因。

【讨论】

(1)具有最高和最低沸点的溶液,在最高和最低沸点时的气液两相组成相同,加热蒸发的结果只使气相总量增加,气液相组成及溶液沸点保持不变,这时的温度称为恒沸点,相应的组成称为恒沸组成。该种溶液用一般精馏法不能分离出两种纯物质,而只能分离出一种纯物质和一种恒沸混合物。

(2)为了使试剂能重复使用,使废液零回收,将其配制成一系列定组成环己烷-乙醇混合液。编号的目的是找出测量数据的规律性。

(3)在环己烷摩尔含量 95%～100% 这一段,沸点随组成变化很大,还需要在蒸馏瓶中仔细调整液相组成,使沸点在 72～74 ℃ 至少有一对气液组成点,否则相图很难绘出。

实验 8 二组分金属相图的绘制

【实验目的及要求】

(1)用热分析法(步冷曲线法)绘制 Zn-Sn 二组分金属相图。

(2)掌握金属相图测试装置及电脑软件的使用。

【实验原理】

相平衡状态图(简称相图)是用图解的方法研究由一种或数种物质所构成的相平衡系统的性质(如沸点、熔点、蒸气压、溶解度等)与条件(如温度、压力、组成等)的函数关系。在实验中,绘制二组分相图的常用方法有溶解度法和热分析法。其中,溶解度法常用来绘制水-盐相图;而热分析法则更多地应用于金属相图的绘制。

本实验中采用热分析法绘制二组分金属相图。这种方法的原理是将系统加热到熔化温度以上,然后使其徐徐冷却,记录系统的温度随时间的变化,并绘制温度(纵坐标)-时间(横坐标)曲线,叫作步冷曲线。若系统在冷却过程中不发生相变化,则系统逐渐散热,所得步冷曲线为连续的曲线;若系统在冷却过程中发生相变化,所得步冷曲线在一定温度时将出现停歇点(一段时间散热时温度不变)或转折点(在该点前后散热速度不同),或两种情况兼有。将两个组分配制为组成不同的混合物(包括两个纯组分),加热熔化后,测得一系列步冷曲线,进而可得到熔点-组成图。

将所得步冷曲线绘制成相图如图 8-1 所示,t_A^* 及 t_B^* 分别为物质 A 及 B 的熔点。t_A^*E

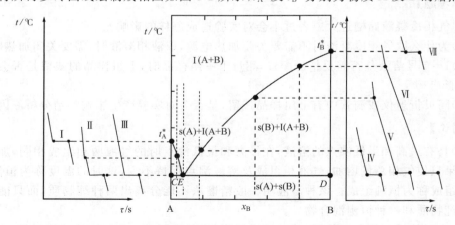

图 8-1 固态完全不互溶金属相图步冷曲线

及 t_B^*E 是根据各个步冷曲线第一个转折点绘出的,所以是结晶开始曲线,是液、固两相平衡中表示液相组成与温度关系的液相线,而 t_A^*C 及 t_B^*D 是相对应的固相线;CED 水平线是根据各步冷曲线的停歇点绘出的。另一方面,系统的温度降到该线的温度时,物质 A

和 B 一起结晶析出,所以又叫共晶线,是结晶终了线。在该条线上是两种晶体(纯 A 及纯 B)与溶液三相平衡,E 点即溶液的相点,叫作最低共熔点(或共晶点),温度降到该点时,物质 A 与 B 共同结晶析出。

从相图中我们可以看到,用热分析法绘制相图时,被测体系必须时时接近相平衡态,因此,体系的冷却速度应适当,步冷曲线的折点及停歇点明显才能得到较好的结果。本实验绘制 Zn-Sn 固态完全不互溶双金属相图。

【仪器和药品】

仪器:镊子,搅拌棒,金属相图测试装置(JX-3D8),金属相图(步冷曲线)加热装置(8A 型),电脑及数据记录软件。

药品:Zn,Sn。

【实验步骤】

(1)配制样品(由实验室工作人员提前做好),打开金属相图测试装置(JX-3D8)及金属相图(步冷曲线)加热装置(8A 型)电源,设置实验温度为 400 ℃,加热功率 250 W,保温功率 30 W,单击金属相图测试装置(JX-3D8)的“加热”按钮,加热指示灯亮起。

(2)打开电脑,双击金属相图测试软件,单击操作中的“开始”键,记录数据。

(3)当加热指示灯熄灭后,用镊子将样品管的盖子打开,小心取出热电偶套管及热电偶,用搅拌棒搅拌熔融的样品 8~10 下,待样品搅拌均匀后再将热电偶套管及热电偶插入样品管里。注意:此时样品管和热电偶套管温度很高,搅拌时不要用手触碰,以免烫伤。

(4)6 个样品全部搅拌完后,再次单击“加热”按钮。检查 6 个样品温度是否都在 370 ℃以上,如果有不到 370 ℃,再次加热,都在 370 ℃以上时,在测试软件上单击“停止”,选择“不保持”,再单击“开始”,开始绘制步冷曲线。6 条步冷曲线温度均在 180 ℃以下可以停止记录。找出每条步冷曲线上的折点及停歇点,将数据记录在表 8-1 中。

(5)待所有数据记录完成后,切断金属相图测试装置(JX-3D8)及金属相图(步冷曲线)加热装置(8A 型)电源,关闭电脑。

【注意事项】

(1)本实验装置可同时加热 6 个样品,但由于各样品管里的成分不同,且各加热炉的功率也有差异,所以升温速度有快有慢。另外,由于 6 个样品当中只要有 1 个达到设定温度,包括其他 5 个样品都同时停止加热,因此,有的样品可能就没有熔融。解决的办法是等温度超标的样品温度降到设定温度以下时,再重新按下“加热”按钮加热。有的要反复加热两三次。

(2)加热过程中不要将热电偶拔出!这样有可能使炉温过高,损坏仪器。

(3)搅拌时是从熔融的样品中取出热电偶套管,取时一定要慢,将热电偶套管或搅拌棒在样品管上方停留几秒钟,防止将样品带出,改变组成。

【数据处理】

(1)列出二组分金属相图测定数据表,并将所测得的数据填写在表 8-1 中。

(2)从工作曲线上查得各样品的精确组成。

(3)绘制 Zn-Sn 二组分金属相图,并标明各个区域的相、相数及自由度。

表 8-1　二组分金属相图测定数据表

组成(Zn%)(原配制)	折点温度/℃	停歇点温度/℃	校正后停歇点温度/℃	校正后折点温度/℃	实际组成(Zn%)
5					
9					
20					
30					
40					
50					

【思考题】

(1)可否用加热曲线绘制金属相图？

(2)操作中应注意哪些细节问题才能保证实验的顺利进行？

(3)用相律分析 Zn 含量为 5％、9％和 20％样品的步冷曲线有什么区别，并说明产生区别的原因。

(4)使用热电偶测温要注意哪些问题？

【讨论】

下面对由步冷曲线绘制相图做简单讨论：

根据相律，自由度(f')＝组分数(C)－相数(ϕ)＋2，对于凝聚态系统，常忽略压力的影响，此时的相律为 $f'=C-\phi+1$。

在图 8-1 中，曲线Ⅰ为纯物质 A 的步冷曲线，冷却开始时为液态金属，$C=1$，$\phi=1$，$f'=1$，故温度稳定下降，当冷却温度达到纯物质 A 的凝固点，物质 A 开始凝固，凝固热抵消其自然散热，温度不随时间改变，出现停歇点，$C=1$，$\phi=2$，$f'=0$，亦即纯物质两相平衡共存时温度维持恒定。当物质 A 完全凝固后，$C=1$，$\phi=1$，$f'=1$，温度又稳定下降。曲线Ⅶ为纯物质 B 的步冷曲线，同理。

在图 8-1 中，曲线Ⅲ为低共熔组成的步冷曲线，所谓的低共熔组成是指混合物具有最低凝固点时的组成。冷却开始时为液态金属，$C=2$，$\phi=1$，$f'=2$，当冷却温度达到最低凝固点温度时，物质 A 和 B 以该组成比例同时析出，凝固热抵消其自然散热，温度不随时间改变，出现停歇点，$C=2$，$\phi=3$，$f'=0$，其步冷曲线同纯物质步冷曲线类似。

在图 8-1 中，曲线Ⅱ、Ⅳ、Ⅴ、Ⅵ为物质 A 和 B 组成不同的步冷曲线，开始时液态金属均匀冷却降温，$C=2$，$\phi=1$，$f'=2$，当温度降低到双金属的凝固点时，析出一种金属，$C=2$，$\phi=2$，$f'=1$，温度仍然可以变化，但由于相变热抵消部分自然散热，使冷却速率变慢，冷却曲线斜率变小，出现折点。随着固体的析出，液相和固相的组成都在变化，当液相中的组成达到最低共熔点组成时，另一金属也开始析出，曲线呈水平线段，直至液相全部消失，$C=2$，$\phi=3$，$f'=0$。之后，体系为两种固体金属，温度继续均匀下降，$C=2$，$\phi=2$，$f'=1$。

实验 9　氨基甲酸铵分解反应平衡常数的测定

【实验目的及要求】

(1)测定氨基甲酸铵在不同温度下分解时系统的平衡总压力。

(2)求氨基甲酸铵分解反应的热力学函数[变]。

(3)掌握低真空技术,熟悉用等压计测定平衡压力的方法。

【实验原理】

氨基甲酸铵是合成尿素的中间产物,白色固体粉末,很不稳定,加热易发生如下的分解反应:

$$NH_2COONH_4 \rightleftharpoons 2NH_3(g) + CO_2(g) \tag{9-1}$$

该反应是可逆的多相反应。若将气体看成理想气体,并不将分解产物从系统中移走,则很容易达到平衡,当反应系统建立平衡时,标准平衡常数 $K^{\ominus}$ 可表示为

$$K^{\ominus} = \left[\frac{p(NH_3)}{p^{\ominus}}\right]^2 \times \frac{p(CO_2)}{p^{\ominus}} \tag{9-2}$$

式中,$p(NH_3)$ 和 $p(CO_2)$ 分别为 NH_3 和 CO_2 的平衡压力,$p^{\ominus}=100$ kPa。

设分解反应系统的总压力为 $p_{总}$,由氨基甲酸铵的分解反应方程式知

$$p(NH_3) = \frac{2}{3}p_{总}, \quad p(CO_2) = \frac{1}{3}p_{总} \tag{9-3}$$

代入式(9-2)得

$$K^{\ominus} = \left(\frac{2}{3}\frac{p_{总}}{p^{\ominus}}\right)^2 \times \frac{1}{3}\frac{p_{总}}{p^{\ominus}} = \frac{4}{27}\left(\frac{p_{总}}{p^{\ominus}}\right)^3 \tag{9-4}$$

因此,当体系达到平衡时,测量其总压力 $p_{总}$,即可计算出标准平衡常数 $K^{\ominus}$。

对于化学反应,其标准平衡常数随温度的变化规律符合范特荷甫(van't Hoff)方程:

$$\frac{d\ln K^{\ominus}(T)}{dT} = \frac{\Delta_r H_m^{\ominus}(T)}{RT^2} \tag{9-5}$$

当温度的变化范围不太大时,$\Delta_r H_m^{\ominus}(T)$ 可视为常数,则式(9-5)积分得

$$\ln K^{\ominus}(T) = -\frac{\Delta_r H_m^{\ominus}(T)}{RT} + C \tag{9-6}$$

由式(9-6)可知,以 $\ln K^{\ominus}(T)$ 对 $1/T$ 作图应为直线,由直线斜率可以求出反应的平均摩尔反应焓。

反应的标准摩尔吉布斯函数[变]与标准平衡常数 $K^{\ominus}(T)$ 的关系为

$$\Delta_r G_m^{\ominus}(T) = -RT\ln K^{\ominus}(T) \tag{9-7}$$

用标准摩尔反应焓[变]和标准摩尔吉布斯函数[变],可近似地计算该温度下的标准

熵[变]：

$$\Delta_r S_m^{\ominus}(T) = \frac{\Delta_r H_m^{\ominus}(T) - \Delta_r G_m^{\ominus}(T)}{T} \qquad (9\text{-}8)$$

实验时，将固体氨基甲酸铵放入到一个与等压计相连的样品瓶里，抽净样品瓶里的空气，在一定的温度下使其发生分解并达到平衡，测出系统总压力 $p_{总}$，就可以利用式（9-4）计算氨基甲酸铵分解反应的标准平衡常数 $K^{\ominus}$，从而求出其他热力学函数[变]。

【仪器和药品】

仪器：真空装置一套，真空泵，等压计，恒温槽，数字式真空测压仪。

药品：氨基甲酸铵，硅油。

【实验步骤】

(1)取适量氨基甲酸铵固体粉末装入反应瓶中，在磨口处涂抹真空油脂后按照图 9-1 连接好等压计。打开恒温槽的温度控制器开关，设定实验温度为 25 ℃，调节搅拌速度适中。

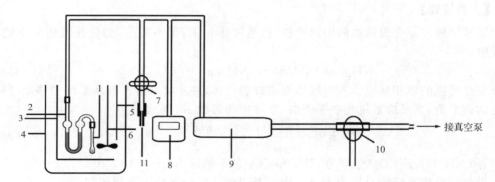

1—反应瓶；2—等压计；3—加热器；4—恒温槽；5—温度计；6—搅拌器；7—玻璃二通活塞；
8—测压仪；9—缓冲罐；10—玻璃三通活塞；11—毛细管

图 9-1　氨基甲酸铵分解反应实验装置图

(2)打开测压仪电源开关，打开玻璃二通活塞、玻璃三通活塞(三通阀指下"┳")，使装置、缓冲罐与大气相通，待压力稳定后，测压仪指数应为 0，如果不为 0，按"置零"键。

(3)关闭玻璃二通活塞，旋转玻璃三通活塞与大气相通(三通阀指向窗户"┣")，启动真空泵。继续缓慢旋转玻璃三通活塞使真空泵与系统相通，与大气隔绝(三通阀指上"┻")，以大约每秒一个气泡的速率向外抽气。抽气过程中，数字式真空测压仪的示数缓慢下降，直至数字式真空测压仪的示数不再降低(约 −101 kPa)，继续抽真空 10 min，以保证空气完全抽净。然后，旋转玻璃三通活塞使真空泵与大气相通，与系统隔绝(三通阀指向窗户"┣")，关闭真空泵。此时，氨基甲酸铵在 25 ℃下分解。

(4)缓慢开启玻璃二通活塞向系统放气，直至 U 形管中双臂液面等高，关闭玻璃二通活塞。多次开关玻璃二通活塞，使双臂液面等高，并保持 1～2 min 不变。记录数字式真空测压仪的数值和大气压值。

(5)调节恒温槽的温度控制器，设定实验温度为 27 ℃，待温度稳定后，同实验步骤(4)，多次调节玻璃二通活塞向系统内缓慢放气，直至 U 形管中双臂液面等高，并保持 1～

2 min 不变,记录数字式真空测压仪的数值。

(6)重复实验步骤(5),分别测试 29 ℃、31 ℃、33 ℃、35 ℃下氨基甲酸铵的分解平衡压力。

(7)待所有数据记录完成后,打开玻璃二通活塞向系统缓慢放气,待测压仪指数为 0 时,关闭数字式真空测压仪,关闭恒温槽。分别将等压计与反应瓶取下,将等压计放回大烧杯中,将反应瓶清洗干净,放入烘箱中加热干燥。

【注意事项】

(1)由实验指导教师协助学生将氨基甲酸铵药品加入反应瓶中,并在反应瓶磨口处涂上少量油脂,便于进行密封。

(2)抽气过程中应注意观察等压计内的出泡速度,不要太快,每秒 1~2 个泡为宜。

(3)调节二通阀时一定要慢,以防止空气通过 U 形管内液体进入反应瓶内。

(4)关闭真空泵之前,必须保证三通阀与真空泵相通,以防泵油倒吸。

【数据处理】

(1)列出实验数据记录表并将所得到的数据填写在表 9-1 中。

(2)计算氨基甲酸铵在不同温度下的分解压,并按公式计算氨基甲酸铵分解反应的标准平衡常数 $K^{\ominus}$。

(3)在坐标纸中以 $\ln K^{\ominus}(T)$ 对 $\dfrac{1}{T}$ 作图,由直线斜率求出氨基甲酸铵分解反应的平均摩尔反应焓 $\Delta_r H_m^{\ominus}(T)$。

(4)分别计算 303 K 时氨基甲酸铵分解反应的 $\Delta_r S_m^{\ominus}(T)$ 和 $\Delta_r G_m^{\ominus}(T)$。

表 9-1 氨基甲酸铵分解反应数据记录表

温度/℃	测压仪读数/kPa	大气压/kPa	总压力 $p_{总}$/kPa	标准平衡常数 $K^{\ominus}$
25				
27				
29				
31				
33				
35				

【思考题】

(1)为什么要抽净氨基甲酸铵样品瓶中的空气?如果抽不净对测量数据有什么影响,偏大还是偏小?为什么?

(2)怎样判断氨基甲酸铵分解反应是否已经达到平衡?

(3)等压计中的液封为什么要用高沸点、低蒸气压的硅油?可否用乙醇等低沸点的液体?为什么?

【讨论】

(1)氨基甲酸铵很不稳定,需实验前自制。NH_3 和 CO_2 在室温下接触后即能生成氨基甲酸铵。但是若系统中有水存在,则会生成碳酸铵或碳酸氢铵。因此,在合成时必须保

持 NH_3、CO_2 和系统内的干燥。钢瓶内的 NH_3 和 CO_2 分别通入干燥的塑料袋内，NH_3 和 CO_2 以 2∶1 物质的量生成氨基甲酸铵白色固体。多余的 NH_3 或 CO_2 通过塑料袋另一端的玻璃管排出，并用水吸收。合成好的氨基甲酸铵由塑料袋里取出，研细后放在干燥器里保存。

　　(2)该实验装置的真空系统和前面介绍的"液体饱和蒸气压的测定"实验是一样的，前者是测气-液平衡时的压力，后者是测气-固平衡时的压力，学生应该通过这两个实验更熟练掌握真空系统的操作。

实验 10　差热分析法研究物质热稳定性及固相反应

【实验目的及要求】

(1)了解差热分析法的构造和工作原理。

(2)学习用差热分析法研究化合物的热稳定性。

(3)学习用差热分析法研究 $AgNO_3$ 与 KCl 的固相反应。

【实验原理】

热分析(如差热分析、热重分析)是研究物质在加热或冷却过程中其性质和状态的变化,并将这种变化作为温度或时间函数来研究其规律的一种技术。

许多物理过程或化学过程都伴有吸热或放热现象,如熔化、汽化、升华、解吸和吸收等物理过程,为吸热;晶形转变有吸热,也有放热;物理吸附为放热。脱水、热分解、还原等化学过程为吸热;化学吸附、固相反应有吸热也有放热;空气中氧化为放热。

这些物理过程或化学过程,在适当的温度下才可以发生。若对所研究的系统进行加热或冷却,并记录其被加热、冷却时温度对时间的变化曲线,即 T-t 曲线,则在过程发生时曲线上会出现所谓的"顿、折"现象。"顿"指温度在一定时间内不随时间变化;"折"指 T-t 曲线的斜率发生变化。因此,可以通过对 T-t 曲线的解析获得有关系统变化过程的信息。然而,在许多情况下,系统在变化过程中的热效应不足以引起系统温度的明显变化,导致 T-t 曲线的顿、折不明显,给研究带来一定的困难。

解决这一问题可采用差热分析法,差热分析是一种有代表性的热分析方法,是在程序控制温度下,测量试样与参比物(一种在测温范围内不发生热效应的物质)之间的温度差与温度关系的一种技术。在实验过程中,可将试样与参比物的温差作为温度或时间的函数连续记录下来,即

$$\Delta T = f(T/t)$$

以温差对温度作图就可以得到一条差热分析曲线,或称差热谱图,如图 10-1 所示。其中 A 为差热分析曲线,B' 为试样的示温曲线。由于试样和参比物的测温热电偶是反向串联的(图 10-2),所以当试样不发生反应时,即试样温度(T_s)和参比物温度(T_r)相同时,$\Delta T = T_s - T_r = 0$,相应的温差电势为 0。当试样发生物理或化学变化而伴有热的吸收或释放时,则 $\Delta T \neq 0$,相应的差热分析曲线上出现吸热峰或放热峰,如图 10-1 所示。其中基线相当于 $\Delta T = 0$,试样无热效应;向上和向下的峰反映了试样的放热、吸热过程。热效应越大,峰的面积也越大。

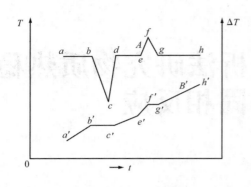

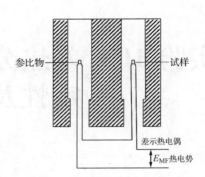

图 10-1 差热分析曲线   图 10-2 差热分析试样支持器示意图

差热分析曲线的峰形、出峰位置、峰面积等受被测物质的质量、热导率、比热容、粒度、填充疏密程度、周围气氛和升温速率等因素的影响。因此,要获得良好的再现性结果,应注意上述各因素的影响。一般而言,升温速率增大,达到峰值的温度向高温方向偏移;峰形变锐,但峰的分辨率降低,两个相邻的峰,其中一个将会把另一个遮盖起来。

【仪器和药品】

仪器:HCT-1 型差热分析仪(图 10-2 为差热分析试样支持器示意图)。

药品:$CuSO_4 \cdot 5H_2O$ (AR),$AgNO_3$ (AR),KCl (AR),α-Al_2O_3 (AR)。

【实验步骤】

(1)打开仪器,预热 20 min。

(2)将适量的 $CuSO_4 \cdot 5H_2O$ 研成粉末。切记不要因研磨过程失水,然后将其均匀紧密地放入坩埚。

(3)将适量 α-Al_2O_3 均匀紧密地放入参照坩埚中。

(4)将两坩埚放入炉中。

(5)在空气气氛下,选择合适地升温速率升温,记录 50~500 ℃范围内的差热分析曲线。

(6)实验完后,打开炉盖,取出坩埚(避免烫伤!),冷却后将坩埚放入水中浸泡 3~5 min,刷洗干净,吹干待用。

(7)将 $AgNO_3$ 与 KCl 等物质的量混合(4 g),研磨至 200 目。仍以 α-Al_2O_3 作为参比物,按照上述(2)~(6)的步骤操作。

(8)实验完毕后,关闭仪器。

【注意事项】

(1)试样与参比物的装填密度要尽可能一致。

(2)放试样时必须小心操作,防止碰撞容器或支撑杆。

(3)实验过程中注意冷却水的畅通。

【数据处理】

(1)指出 $CuSO_4 \cdot 5H_2O$ 试样的差热分析曲线上的吸热峰和放热峰。标出 $CuSO_4 \cdot 5H_2O$ 失水峰的温度。

(2)判断 $AgNO_3$ 与 KCl 系统在升温过程中所发生的物理或化学变化、吸热或放热,写出变化的热化学方程式[可以只标明 $\Delta_r H_m (T,B)$ 的正、负，而不标明量值]。

【思考题】

(1)影响差热分析曲线形状的差热峰位置的因素有哪些？

(2)$CuSO_4 \cdot 5H_2O$ 在加热过程中，会发生哪些变化？相应变化过程的热效应如何？

(3)$AgNO_3$ 与 KCl 的混合固体粉末在加热过程中，会发生哪些变化？

(4)预计升温速率较低时，$CuSO_4 \cdot 5H_2O$ 的差热分析曲线将如何变化？

【讨论】

从理论上讲，差热分析曲线峰面积(S)的大小与试样所产生的热效应(ΔH)大小成正比，即 $\Delta H = KS$，K 为比例常数。将未知试样与已知热效应物质的差热峰面积相比，可求出未知试样的热效应。实际上，在测定过程中，由于试样和参比物之间的热导率、比热容、粒度、装填疏密程度等不同，溶化、分解和晶型转变等物理、化学性质的改变，未知试样和参比物的比例常数 K 并不相同，所以用它来进行定量计算误差较大。但差热分析可用于鉴别物质，与 X 光衍射、质谱、色谱、热重等方法配合可确定物质的组成、结构及用于动力学方面的研究。

实验 11　光电效应

【实验目的及要求】

(1)研究光电管的伏安特性及光电特性;验证光电效应第一定律。

(2)了解光电效应的规律,加深对光的量子性的理解。

(3)验证爱因斯坦方程,并测定普朗克常量。

【实验原理】

当一定频率的光照射到某些金属表面上时,有电子从金属表面逸出,这种现象称为光电效应,从金属表面逸出的电子称为光电子。实验原理示意图如图 11-1 所示。

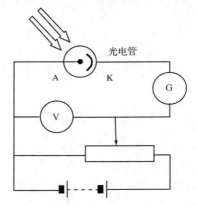

图 11-1　实验原理示意图

在图 11-1 中,A、K 组成抽成真空的光电管,A 为阳极,K 为阴极,当一定频率 ν 的光射到金属材料做成的阴极 K 上,就有光电子逸出金属。若在 A、K 两端加上电压后光电子将由 K 定向地运动到 A,在回路中形成电流 I。

当金属中的电子吸收一个频率为 ν 的光子时,便会获得这个光子的全部能量,如果这些能量大于电子摆脱金属表面的溢出功 W,电子就会从金属中溢出。按照能量守恒定律有

$$h\nu = \frac{1}{2}mv^2 + W$$

【实验仪器】

普朗克常量测定仪。

【实验步骤】

(1)调整仪器,接好电源,按下光源按钮,调节透镜位置,让光汇聚到单色仪的入射光

窗口,用单色仪出光处的挡光片 2 挡住光电管窗口,调节单色仪的螺旋测微器,即可在挡光片上观察到不同颜色的光。

(2)用单色仪入射光窗口处的挡光片 1 挡住单色仪的入口,移开挡光片 2,将单色仪与光电管部分的黑色的链接套筒连接起来形成暗盒,将测量的放大器"倍率"旋钮置于 10^{-5},对检流计进行调零。

(3)按下测量按钮,给光电管接上电压,电压表会有读数,此时检流计会有相应的电流读数,此读数即光电管的暗电流。

(4)旋转电压调节的旋钮,仔细记录不同电压下的相应的暗电流。让出射光对准单色仪的入射光窗口,取下遮光罩,调节电压,从 -1.5 V 调起,缓慢增加。

(5)从短波长依次变换光波频率,仔细读出不同频率光照射下电流随电压变化的数据。

【注意事项】

(1)灯和机箱均需要预热 20 min。

(2)汞灯不宜频繁开关。

(3)稳定后记录数据可减少人为读数误差。

【数据处理】

(1)根据测得曲线计算溢出功 W。

(2)计算电子初动能为 0 时的光波频率。

【思考题】

(1)光电管为什么要装在暗盒中?

(2)实验中如何验证爱因斯坦方程?

(3)如何用拐点法测遏制电压?

【讨论】

在光电效应中,要释放光电子显然需要有足够的能量。而根据经典电磁理论,光是电磁波,电磁波的能量决定于它的强度,即只与电磁波的振幅有关,而与电磁波的频率无关。而实验规律中的光电子初动能只与入射光频率有关,显然用经典电磁理论无法解释。因为根据经典电磁理论,对很弱的光要想使电子获得足够的能量逸出,必须有一个能量积累的过程,而不可能瞬时产生光电子。

在光电效应中,电子的射出方向不是完全定向的,只是大部分都垂直于金属表面射出,与光照方向无关,光是电磁波,但是光是高频振荡的正交电磁场,振幅很小,不会对电子射出方向产生影响。这些实际上已经暴露出了经典电磁理论的缺陷,要想解释光电效应必须突破经典电磁理论。因此,崭新的量子力学理论应运而生。

实验 12 原子轨道及分子轨道研究

【实验目的及要求】

(1)了解常见类型原子轨道空间构型。

(2)了解分子轨道的类型、形状和空间对称性。

(3)了解化学作图软件的使用。

【实验原理】

轨道简介:在原子中,电子的运动只受 1 个原子核的作用,原子轨道是单核系统。而原子在形成分子时,所有电子都有贡献,分子中的电子不再从属于某个原子,而是在整个分子空间范围内运动。在分子中,电子的空间运动状态可用相应的分子轨道波函数 φ(称为分子轨道)来描述。

原子轨道的名称用 s、p、d 等符号表示,而分子轨道的名称则相应地用 σ、π、δ 等符号表示。分子轨道可以由分子中原子轨道波函数的线性组合而得到。有几个原子轨道就可以组合成几个分子轨道,其中有一部分分子轨道分别由对称性匹配的两个原子轨道叠加而成,两核间电子的概率密度增大,其能量较原来的原子轨道能量低,有利于成键,称为成键分子轨道,如 σ、π 轨道(轴对称轨道);同时这两个对称性匹配的原子轨道也会相减形成另一种分子轨道,结果使两核间电子的概率密度很小,其能量较原来的原子轨道能量高,不利于成键,称为反键分子轨道,如 σ^*、π^* 轨道(镜面对称轨道,反键轨道的符号上常加"*"以与成键轨道区别)。还有一种特殊的情况是由于组成分子轨道的原子轨道的空间对称性不匹配,原子轨道没有有效重叠,组合得到的分子轨道的能量与组合前的原子轨道能量没有明显差别,所得的分子轨道叫作非键分子轨道。

电子在分子轨道中的排布也遵守原子轨道电子排布的同样原则,即泡利不相容原理、能量最低原理和洪德规则。具体排布时,应先知道分子轨道的能级顺序。当前这个顺序主要借助于分子光谱实验来确定。原子轨道组合形成分子轨道时所遵从的对称性匹配原则、能量近似原则和轨道最大重叠原则称为成键三原则。只有对称性匹配的原子轨道才能组合成分子轨道,这称为对称性匹配原则。原子轨道有 s、p、d 等类型,从它们的角度分布函数的几何图形可以看出,它们对于某些点、线、面等有着不同的空间对称性。对称性是否匹配,可根据两个原子轨道的角度分布图中波瓣的正、负号对于键轴(设为 x 轴)或对于含键轴的某一平面的对称性决定。在对称性匹配的原子轨道中,只有能量相近的原子轨道才能组合成有效的分子轨道,而且能量愈相近愈好,这称为能量近似原则。对称性匹配的两个原子轨道进行线性组合时,其重叠程度愈大,则组合成的分子轨道的能量愈低,所形成的化学键愈牢固,这称为轨道最大重叠原则。在上述三条原则中,对称性匹配原则是首要的,它决定原子轨道有无组合成分子轨道的可能性。能量近似原则和轨道最大重叠原则是在符合对称性匹配原则的前提下,决定分子轨道组合效率的问题。

【实验仪器】

球棍模型,计算机及 Chem3D 软件。

【实验步骤】

(1)用模型搭出 s 轨道、p 轨道和 d 轨道的形状,观察它们的对称性和相互间的成键情况。并在实验报告上绘制出 s、p(3 个)、d(5 个)轨道的形状图。

(2)CO 分子轨道的展示。在 Chem3D 中画出 CO 分子,然后选择显示 CO 分子轨道。对照《多媒体 CAI 物理化学》第 6 章"分子轨道理论",写出 CO 分子轨道电子排布情况。并画出能级图,在每个能级旁边画出该能级分子轨道形状图。

(3)O_2 分子轨道的展示。写出电子组态,画出能级图和各分子轨道形状图。

(4)乙烯分子轨道的展示。在 Chem3D 中画出乙烯分子,展示最高占据轨道和最低空轨道,并将其画出,标出属于什么类型的轨道。

(5)丁二烯的 HOMO 和 LUMO 的展示。使用 Chem3D 观察丁二烯的 HOMO 和 LUMO。在实验报告上画出丁二烯的 HOMO 形状和 LUMO 形状。

【注意事项】

注意所画出的原子及分子轨道仅为轨道波函数的角度部分,称为球谐函数。如果引入轨道的径向波函数,将成为四维函数,无法用现有的手段描述。

【数据处理】

对比 CO 分子轨道及 O_2 分子轨道,说明两个分子轨道的最高占有能级的不同,尝试说明哪个分子轨道更加稳定。

【思考题】

(1)如果两个原子轨道其对称性不匹配,是否能形成分子轨道,为什么?

(2)两原子相互接近时,如原子轨道重叠不在最大位置,是否还能形成分子轨道?

实验 13　原位反射红外法分析塑料薄膜氧化过程

【实验目的及要求】

(1)掌握用红外吸收光谱进行化合物反应的定性分析。

(2)了解原位反射红外光谱仪的结构,熟悉原位反射红外光谱仪的使用方法。

【实验原理】

(1)不同的化合物由不同的基团组成,因此有不同的振动方式和频率,得到的红外光谱也不同,可以通过它们的红外吸收光谱进行定性鉴定和结构分析。当红外光通过被测样品时,该样品就会对红外光能量产生特征吸收,物质对样品的吸收是量子化的。红外光能量被物质吸收以后,变成分子的振动和转动能量。伴随发生分子振动能级的跃迁,红外分光光度计将物质对红外光的吸收情况记录下来,从而得到该物质的红外光谱图;由于红外光谱反映了分子振动能级的变化,因此,也叫"分子的振动光谱"。由于各种功能团的红外吸收峰均出现在特定的波长范围以内,这些特征吸收峰特征性强,不易受周围环境的影响,因此可以根据光谱中吸收峰的位置、形状来判断官能团的存在。主要官能团及其吸收频率见表 13-1。

表 13-1　主要官能团及其吸收频率

$\lambda/\mu m$	σ /cm^{-1}	产生吸收的基团
2.7~3.3	3 750~3 000	O—H,N—H 伸缩振动
3.0~3.4	3 100~3 000	—C≡C—,C≡C,Ar—H(C—H 伸缩振动)
3.3~3.7	3 000~2 700	CH_3,CH_2,C—H,H—C≡O(C—H 伸缩振动)
4.2~4.9	2 400~2 100	C≡C , C≡N 伸缩振动
5.3~6.1	1 900~1 650	C≡O(酸、醛、酮、酰胺、酯、酸酐)伸缩振动
5.9~6.2	1 675~1 500	C≡C(脂肪和芳香),C≡N 伸缩振动
6.8~7.7	1 475~1 300	C—H 变形振动
10.0~16.4	1 000~660	C≡C—H,Ar—H 变形振动(面外)

(2)原位红外光谱在线监测和分析的原理

红外光谱中 4 000~1 350 cm^{-1} 区域称为基团特征频率区(官能团区),因为在化合物分子中,同一类型的原子团振动频率非常接近,总是出现在某一特定范围内。$CH_3(CH_2)_5CH_3$,$CH_3(CH_2)_4CN$ 和 $CH_3(CH_2)_5CH=CH_2$ 等分子中都有 CH_3、CH_2 基团,它们的伸缩振动频率出现在 3 000~2 800 cm^{-1},因此认定这一区域是 C—H 伸缩振动的特征频率。这个与一定结构单元相联系的振动频率称为基团频率。但当同一类型的基团处于不同物质中时,它们的振动频率又有差别,这是因为同种基团在不同的化合物分子中所处的化学环境有所不同,使振动的频率发生一定的位移,所以这种差别常常反映出分子结构的特点。因此在基团特征频率区内,根据所掌握的各种基团频率及其位移规律,就可确定有机化合物分子中存在的原子基团及其在分子中的相对位置。红外光谱中 $1\,350\sim650\,\text{cm}^{-1}$ 区域常称为指纹区,由于各种单键的伸缩振动、含氢基团的弯曲振动以及它们之间发生的振动耦合大部分出现在这一区域,该区域吸收带变得很复杂,许多峰无法归属。化合物结构的微小差异也许并不影响基团特征频率区的谱峰,但会使这一区域的谱峰产生明显差异,犹如人的指纹因人而异。由于绝大部分有机物的红外光谱比较复杂,特别是指纹区的许多谱峰很难逐一归属,因此仅仅依靠对红外光谱的解析常常难以确定有机物的结构,通常还需要借助于标准试样或红外标准谱图。同一物质在相同的测定条件下测得的红外光谱有很好的重复性。因此利用红外光谱进行定性分析,通常有两种方法:

①用标准物质对照。在相同的制样和测定条件下(仪器条件、浓度、温度、压力等),分别测绘被测化合物和标准的纯化合物的红外光谱图,若二者吸收峰的频率、数目和强度完全一致,则可认为二者是相同的化合物。

②查阅标准的红外谱图集。常见的有萨特勒红外谱图集。

【实验仪器】

原位反射红外光谱仪(Nicolet iS50)(图 13-1),原位反射红外附件,玻璃培养皿,塑料薄膜,酒精灯,玻璃棒,镊子。

图 13-1　原位反射红外光谱仪

【实验步骤】

(1)开机预热,利用透射的方式测量样品:把空白的载玻片放在原位反射的样品架上,扫描空气本底红外光谱。打开 Omnic 软件,选择"采集"菜单下的"实验设置"选项,设置需要的采集次数、分辨率和背景采集模式后,单击"OK",气体分辨率视情况而定,可选 $2\,\text{cm}^{-1}$,甚至更高的分辨率;背景采集模式:选择第一项"每采一个样品前均采一个背景"。

(2)将做好的塑料样品放入样品架上,单击"开始"采集样品。

(3)安装原位反射红外附件。

(4)样品测试:把空白的载玻片放在原位反射的样品台上,扫描空气本底红外光谱。

打开 Omnic 软件,选择"采集"菜单下的"实验设置"选项,设置需要的采集次数、分辨率和背景采集模式后,单击"OK",气体分辨率视情况而定,可选 2 cm^{-1},甚至更高的分辨率;背景采集模式:选择第一项"每采一个样品前均采一个背景"。

(5)将制备好的塑料薄膜样品放入反射样品台中,单击"开始"采集样品。

(6)将氧化后的塑料薄膜样品放入反射样品台中,单击"开始"采集样品。

(7)选择"文件"菜单下的"另存为",把谱图存到相应的文件夹中。

【注意事项】

避免水及有机溶剂进入原位反射红外光谱仪中。

【数据处理】

(1)将原位反射方式测量的塑料薄膜的谱图与谱图库中谱图相对比,找出塑料薄膜的官能团。

(2)将原位反射方式测量的塑料薄膜氧化前与氧化后相对比,说明被氧化的官能团,并找出氧化后产物的官能团位置。

(3)对比原位反射方式及透射方式测量的塑料薄膜的谱图,找出其中官能团的差别。

【思考题】

(1)什么样的分子没有红外光谱?红外光谱是否可以测量 CO_2 分子?

(2)为什么不用透射方法测量氧化后的塑料?

实验 14 分子几何构型的优化

【实验目的及要求】

(1)学会写简单分子的坐标。

(2)掌握如何使用 Gaussian 09 软件进行分子的结构优化以及过渡态的计算。

(3)通过 Gview 中已有分子模型,构建新分子模型。

【实验原理】

分子几何构型的变化对能量有很大的影响。由于分子几何构型而产生的能量的变化,被称为势能面。势能面是连接几何构型和能量的数学关系。对于双原子分子,能量的变化与两原子间的距离相关,这样得到势能曲线;对于大的体系,势能面是多维的,其维数取决于分子的自由度。

(1)势能面

势能面中,包括一些重要的点,包括全局最大值、局域极大值、全局最小值、局域极小值以及鞍点。极大值是一个区域内的能量最高点,向任何方向的几何变化都能够引起能量的减小。在所有的局域极大值中的最大值,就是全局最大值;极小值也同样,在所有的局域极小值中最小的一个就是具有最稳定几何结构的一点。鞍点则是在一个方向上具有极大值,而在其他方向上具有极小值的点。一般的,鞍点代表连接着两个极小值的过渡态。

(2)寻找极小值

几何优化做的工作就是寻找极小值,而这个极小值,就是分子的稳定的几何形态。对于所有的极小值和鞍点,其能量的一阶导数(梯度)都是零,这样的点被称为稳定点。

所有的成功的优化都在寻找稳定点,但是找到的不一定就是所预期的点。几何优化由初始构型开始,计算能量和梯度,然后决定下一步的方向和步长,其方向总是向能量下降最快的方向进行。大多数的优化也计算能量的二阶导数,来修正力矩阵,从而表明在该点的曲度。

(3)收敛标准

当一阶导数为零时,优化结束,但实际计算上,当变化很小,小于某个量时,就可以认为得到优化结构。对于 Gaussian,默认的条件是:

最大力必须小于	0.00045
力的均方差小于	0.0003
最大位移小于	0.0018
均方差位移小于	0.0012

以上四个条件必须同时满足。

【实验仪器】

计算机并配有 Gaussian 09W 和 Gview 程序。

【实验步骤】

1. 初始模型的构建

利用 Gview,对已有模型进行改进并构建新的模型。

基于 O_2 分子构建甲醛为例进行说明:

(1)具体步骤

①构建 O_2 分子

打开 Gview 软件,单击"File→New→Creat Molecule Group"打开一个新窗口,单击 File 下面的"C6"按钮,出现元素周期表,单击"O",选择下面的双键 O,在刚刚打开的新窗口中单击一次(出现 ═O),然后单击没有 O 的双键末端,这样就建立了 O_2 分子的模型。

②构建甲醛

单击 File 下面的"C6"按钮,出现元素周期表,单击"C",选择下面的 ═C ,然后单击其中一个 O,这样就建立了甲醛分子。

(2)几何优化的输入

Opt 关键字描述几何优化:

例如:♯T HF/6-31G(d) Opt,表明采用 HF 方法,对 6-31G(d)基组进行优化。

下面是水分子优化的例子:

♯p HF/3-21g Opt=Z-Matrix

Water Opt

0 1

O

H 1 r1

H 1 r1 2 a1

r1=0.96

A1=104.5

如果将上述例子中的输入改为

♯p HF/3-21g Opt=Z-Matrix

Water Opt

0 1

O

H 1 r1

H 1 r1 2 a1

Variables(可省略,但必须有空行)

r1=0.96

Constants(可省略,但必须有空行)

A1＝104.5

以上输入说明键长是变量,键角是常量(某些特殊情况下的设置)。

(3)输出文件

优化部分的计算包含在两行相同的"GradGradGradGradGrad…"之间,这里有优化的次数、变量的变化、收敛的结果等。

--Stationary point found

2.寻找过渡态

(1)过渡态优化的输入

Gaussian 中优化过渡态的方法:QST2(反应物和产物结构)、QST3(反应物、产物及用户定义的过渡态结构)及 TS(用户定义的过渡态结构)。

对于 QST2 和 QST3,用户给出的多个构型描述中,原子的次序应相同。

例:$H_3CO \longrightarrow H_2COH$ 的过渡态优化:

①采用 QST2 方法优化

♯T UHF/6-31G(d) Opt＝QST2 Test

$H_3CO \longrightarrow H_2COH$ Reactants

0,2

反应物分子坐标

0,2

产物分子坐标

②采用 TS 方法优化

♯T UHF/6-31G(d) Opt＝TS Test

$H_3CO \longrightarrow H_2COH$ Reactants

0,2

用户定义的过渡态结构。

(2)稳定点的表征

对于优化得到的构型,判断其是极小值还是过渡态,需要进行频率分析。极小值:所有频率均为正值(NImag＝0);过渡态:有且只有一个虚频(NImag＝1)。

(3)内禀反应坐标

内禀反应坐标(Intrinsic Reaction Coordinate,IRC)可以确定过渡态与反应物和产物的连接关系。

Gaussian 中描述内禀反应坐标的关键词为 IRC,当使用该关键词时,必须已经获得了 TS 构型以及对应的力常数,对于力常数可在 Freq 计算时获得,也可以加上 irc＝calcfc 选项来计算。

IRC 计算从过渡态开始,根据能量降低的方向来寻找极小值,即寻找过渡态所连接的两个极小值。

输入文件如下:

％chk＝irc-f.chk

♯p b3lyp/6-31G(d) irc＝(forward, calcfc, maxpoint＝30) nosymm

IRC-calc
电荷 自旋多重度
分子坐标

％chk＝irc-r. chk
＃p b3lyp/6-31G(d) irc＝(reverse, calcfc, maxpoint＝30) nosymm

IRC-calc

电荷 自旋多重度
分子坐标

注:forward 和 reverse 定义 IRC 计算的方向。maxpoint 为计算点数,calcfc 计算初始力场数。Gaussian 默认的步长为10,可通过 stepsize＝n 定义其他步长。

（4）输出文件

IRC 计算在输出文件末尾对计算进行总结,列出能量和优化的变量的值。第一个值和最后一个值是整条路径的起点和终点。

Energies reported relative to the TS energy of −2316.081257

Summary of reaction path following

	Energy	RxCoord
1	0.00000	0.00000
2	−0.00049	0.10867
3	−0.00205	0.21735
4	−0.00453	0.32605
5	−0.00765	0.43474
6	−0.01109	0.54341
7	−0.01448	0.65205
8	−0.01762	0.76065
9	−0.02043	0.86925
10	−0.02287	0.97784
⋮	⋮	⋮
48	−0.04134	5.10503
49	−0.04144	5.21373
50	−0.04154	5.32242
51	−0.04163	5.43111

【计算练习】

练习 1:在 PM3、HF/6-31G(d)、B3LYP/6-31G＋(d)水平下优化两种乙酸(注:采用内坐标方法输入)。

要求:查看分子的结构,寻找并记录分子的几何参数(键长、键角、二面角)、各原子电荷、能量信息，比较不同方法下几何参数和能量的差异。

练习 2：B3LYP/6-31G(d)水平下优化以下三种构型：乙烯醇氧端的氢原子与 OCC 平面的二面角为 0°和 180°的两种构型以及乙醛分子。

要求：查看分子的结构，寻找并记录分子的几何参数（键长、键角、二面角）、各原子电荷、能量信息，比较三种构型的稳定性。

练习 3：利用 QST2 方法，在 B3LYP/6-31G(d)水平下优化 $H_3CO \rightarrow H_2COH$ 反应的过渡态，并进行频率分析（在 route section 部分添加 Freq）。

要求：查看并记录过渡态的几何参数、虚频数值（保留一位小数）及能量。

练习 4：过渡态优化［计算方法：B3LYP/6-31G(d)］

$H_2CO \longrightarrow CO + H_2$，

$H_2CO \longrightarrow HCOH$。

优化上述两个反应的过渡态，进行频率分析（在 route section 部分添加 Freq），最后进行 IRC 计算。

要求：查看分子的结构及频率信息，确认过渡态只有一个虚频，寻找并记录分子的几何参数（键长、键角、二面角）、虚频及能量信息，保存 IRC 路径分析图。

练习 5：优化进程比较［计算方法：B3LYP/6-31G(d)］

采用下述三种方法优化呋喃 C_4H_4O：

直接采用默认方式冗余内坐标优化 Opt

采用笛卡儿坐标优化 Opt=Cartesian

采用内坐标优化 Opt=Z-Matrix

要求：查看优化后的结构及能量，记录并对比三种方法所用的 CPU 时间和实际计算时间。

实验 15　量子力学分子的单点能计算

【实验目的及要求】

(1)掌握 Gaussian 09W 和 Gview 的基本操作。

(2)掌握采用量子力学方法计算分子的单点能量、自旋密度、分子轨道、核磁。

(3)初步学会绘制简单分子的前线分子轨道图。

【实验原理】

单点能计算是指对给定几何构型的分子的能量以及性质进行计算,由于分子的几何构型是固定不变的,只是"一个点",所以叫作单点能计算。

单点能计算可以用于:

(1)计算分子的基本信息。

(2)作为分子构型优化前对分子的检查。

(3)在由较低等级计算得到的优化结果上进行高精度的计算。

(4)在计算条件下,体系只能进行单点计算。

【实验仪器】

计算机并配有 Gaussian 09W 和 Gview 程序。

【实验步骤】

(1)计算设置

计算设置中,要有如下信息:

计算的方法:如 HF、B3PW91。

计算采用的基组:如 6~31G、LANL2DZ。

计算的种类:默认的计算种类为单点能计算,关键词为 sp,可以不写。

计算的名称:一般含有一行,如果是多行,中间不能有空行。在这里描述所进行的计算。

分子结构:首先是电荷和自旋多重度。然后是分子几何构型,可以用笛卡儿坐标,也可以用 Z-矩阵。

(2)单点能计算

下面以水分子的能量计算为例说明输出文件的信息。

①采用输入文件如下：

```
♯p b3lyp/6-311G(d) sp
***
0  1
    8    0.          0.           0.11968
    1    0.          0.76202     −0.4787
    1    0.         −0.76202     −0.4787
```

②输出文件的信息

a. 能量

找到 SCF Done：E(RB+HF−LYP) = −76.4435139326 A.U. after 5 cycles

这里的数值就是能量，单位是 hartree。在一些高等级计算中，往往有不止一个能量值，比如下一行：

E2=−0.3029540001D+00   EUMP2=−0.11416665769315D+03

这里在 EUMP2 后面的数字是采用 MP2 计算的能量。MP4 计算的能量输出就更复杂了。

b. 分子轨道和轨道能级

按照计算设置打印出的分子轨道，列出的内容包括：轨道对称性以及电子占据情况，O 表示占据，V 表示空轨道；分子轨道的本征值，也就是分子轨道的能量，单位是 1. u. ，分子轨道的顺序就是按照能量由低到高的顺序排列的。寻找 HOMO 和 LUMO 轨道的方法就是看占据轨道和非占据轨道的交界处。

c. 电荷分布

Gaussian 采用的默认的电荷分布计算方法是 Mulliken 方法，在输出文件中寻找 Mulliken atomic charges，可以找到分子中所有原子的电荷分布情况。

d. 计算小结

CPU 时间和其他。

（3）核磁计算

以甲烷的核磁计算为例进行说明。

在计算的工作设置部分（以♯开头的一行里），加入 NMR 关键词就可以了，如：

♯T RHF/6-31G(d) NMR Test

所用甲烷分子的结构文件

```
6      0.000000     0.000000     0.000000
1      0.631339     0.631339     0.631339
1     −0.631339    −0.631339     0.631339
1     −0.631339     0.631339    −0.631339
1      0.631339    −0.631339    −0.631339
```

在输出文件中，寻找如下信息

GIAO Magnetic shielding tensor（ppm）

1 C Isotropic = 199.0494 Anisotropy = 0.0000

　这是采用上面的设置计算的甲烷的核磁结果,所采用的甲烷构型是用 B3LYP/6-31G(d)水平下得到的。

　一般的,核磁数据是以四甲基硅烷(TMS)为零点,下面是用同样的方法计算的 TMS 的结果:

　2 C Isotropic=195.9417　Anisotropy=4.7981

　这样,计算所得的甲烷的核磁共振数据就是 -3.1 ppm,与实验值-7.0 ppm 是比较接近的。

　(4)分子轨道图的显示

　分子轨道图能够提高直观立体的视觉效果,进而帮助实验人员解释实验现象发生的根本原因。

　以绘制乙烯分子的 HOMO 和 LUMO 轨道为例进行说明。

　①在输入文件中设置%chk=C_2H_2.chk,计算完成后程序会保存一个 C_2H_2.chk 的文件,分子轨道的绘制就是采用该文件中保存的信息生成的。

　②利用 Gview 程序打开 C_2H_2.chk 文件,然后单击"🔳→Visualize→Add Type"选择 HOMO 和 LUMO,然后单击右下角的"Update",即可出现分子轨道图形。

　③在图形窗口,右键→File→保存图像。

【计算练习】

　练习 1:在 MP2/6-31+G(d)水平下计算丙烷分子的单点能。

　要求:寻找并记录丙烷分子的标准坐标、单点能、偶极矩及电荷分布。

　丙烷分子的构型:

6	-0.844932	1.689351	-0.000021
6	0.686861	1.673888	-0.000027
1	-1.237132	2.712992	0.000025
1	-1.245552	1.178576	-0.884608
1	-1.245547	1.178498	0.884522
6	1.270111	0.257397	-0.000079
1	1.057368	2.221176	-0.877504
1	1.057374	2.221113	0.877488
1	2.366198	0.273418	-0.000088
1	0.944626	-0.304308	0.884469
1	0.944611	-0.304249	-0.884659

　练习 2:在 B3LYP/6-31G(d)水平下计算(RR)、(SS)、(RS)构型 1,2-二氯-1,2-二氟乙烷的能量。

　要求:查看并记录三种构型的能量和偶极矩,比较该化合物三个旋光异构体的能量和偶极矩差异。

三种构型的坐标如下：

（RR）构型

6	−2.171213	0.611782	−0.008495
6	−0.639773	0.628872	0.020991
1	−2.549226	0.052590	−0.866265
1	−0.261751	1.092191	0.934114
9	−2.584659	1.907720	−0.086915
9	−0.226413	1.344732	−1.062164
17	−2.841767	−0.131082	1.481365
17	0.030884	−1.032779	−0.080551

（SS）构型

6	−2.171206	0.633420	−0.020981
6	−0.639792	0.650502	0.008493
1	−2.549278	0.170220	−0.934147
1	−0.261719	1.209772	0.866189
9	−2.584597	−0.082470	1.062099
17	−2.841783	2.295143	0.080751
9	−0.226318	−0.645392	0.086951
17	0.030683	1.393262	−1.481513

（RS）构型

6	−2.170371	0.630002	−0.015862
6	−0.640658	0.632307	0.015847
1	−2.549852	0.100178	−0.891179
1	−0.261177	1.162150	0.891154
17	−0.019945	1.483978	−1.445127
17	−2.791089	−0.221689	1.445094
9	−0.192323	−0.649930	0.009122
9	−2.618697	1.912243	−0.009116

练习 3：HF/6-31G(d)水平下计算乙烯和甲醛的分子轨道。

要求：寻找并记录 HOMO 和 LUMO 轨道及相应能级（保留三位小数）。

分子构型如下：

乙烯

C

C,1,r1

H,1,r2,2,a1

H,1,r2,2,a1,3,180.,0

H,2,r2,1,a1,3,0.,0

H,2,r2,1,a1,4,0.,0

　　Variables：

r1＝1.33095613

r2＝1.08749146

a1＝121.86441599

甲醛

O

C,1,r1

H,2,r2,1,a1

H,2,r2,1,a1,3,180.,0

    Variables：

r1＝1.20647422

r2＝1.11042

a1＝122.37858543

练习 4：采用 HF/6-311＋G(2d,p)方法计算乙烷、乙烯、乙炔的核磁共振数据。

要求：查找并记录乙烷、乙烯、乙炔的核磁共振数据，并计算相对于 TMS 的相对核磁数据。

分子构型如下：

乙烷

6	−0.765067	0.000001	−0.000005
6	0.765067	−0.000001	0.000005
1	−1.164334	−0.962055	−0.341635
1	−1.164264	0.185155	1.003992
1	−1.164292	0.776935	−0.662301
1	1.164332	0.962063	0.341612
1	1.164293	−0.776919	0.662320
1	1.164265	−0.185178	−1.003987

乙烯

6	0.665355	0.000000	0.000003
6	−0.665355	0.000000	−0.000004
1	1.240300	0.922851	−0.000009
1	1.240299	−0.922851	0.000024
1	−1.240300	−0.922851	0.000011
1	−1.240299	0.922851	−0.000022

乙炔

6	−1.339219	1.900270	0.000000
6	−0.134245	1.900270	0.000000
1	−2.405844	1.900270	0.000000
1	0.932380	1.900270	0.000000

练习 5：在 B3LYP/6-31G(d)水平下优化 N_2 和 O_2 的分子结构(对 O_2 分子考察单线态和三线态)，并绘制前线分子轨道图。

要求：查找并记录优化后的几何参数，寻找并记录 HOMO 和 LUMO 轨道能量；画出 N_2 和 O_2 的前线分子轨道图。

练习 6：利用 Gview 构建 1,3-丁二烯结构并优化[计算水平：B3LYP/6-31＋G(d)；需要考察 C—C—C—C 二面角为 0°和 180°两种情况；采用关键词 opt＝calcfc]，并绘制前线分子轨道图。

　　要求:查找并记录优化后的几何参数,寻找并记录 HOMO 和 LUMO 轨道能量;画出 1,3-丁二烯和苯的前线分子轨道图。

　　练习 7:B3LYP/6-31G(d) 水平下计算丙酮和甲醛分子的单点能。

　　要求:记录丙酮和甲醛分子的能量、偶极矩等,分析甲基取代氢原子后带来的影响。

　　分子构型如下:

丙烷

6	0.000002	0.185311	−0.000001
8	−0.000005	1.400980	0.000000
6	1.293102	−0.614790	−0.000005
1	1.341302	−1.267572	−0.880799
1	2.148539	0.063556	−0.000309
1	1.341566	−1.267070	0.881149
6	−1.293099	−0.614797	0.000004
1	−1.341535	−1.267135	−0.881108
1	−1.341332	−1.267516	0.880842
1	−2.148529	0.063558	0.000236

甲醛

6	0.528895	0.000000	0.000015
8	−0.677556	−0.000001	−0.000016
1	1.123546	−0.937795	−0.000004
1	1.123530	0.937805	0.000035

实验 16　　量子力学方法预测分子的红外和拉曼光谱

【实验目的及要求】

(1)使学生掌握采用量子力学方法预测分子的红外和拉曼光谱,计算零点能和热力学数据。

(2)学习应用 Gaussian 09W 和 Gview 程序计算分子的频率,并对输出结果进行分析。

【实验原理】

几何优化和单点能计算都将原子理想化了,实际上原子一直处于振动状态。当分子处于平衡态,这些振动是规则的和可以预测的。频率分析的关键词为 Freq。

频率分析可以用于多种目的:

①判断分子在势能面上的位置。

②预测分子的红外和拉曼光谱(频率和强度)。

③计算零点能和热力学数据,如系统的熵和焓。

预测红外和拉曼光谱:

在构型优化基础上,通过进一步计算能量的二阶导数,可求得力常数,进而得到化合物的振荡光谱。

频率分析只能在势能面的稳定点进行。因此,频率分析就必须在已经优化好的结构上进行。最直接的办法就是在设置行同时设置几何优化和频率分析。需要说明,几何优化和频率计算可分两步完成,但是必须使用相同的计算方法和基组,否则计算结果没有意义。

例:♯ HF/6-31G(d) Opt Freq

输出文件包含如下内容:

①频率和强度

Gaussian 提供每个振动模式的频率、强度、拉曼光谱、极化率。

以下是 C_3H_6 分子的输出文件中的前三个频率:

	1	2	3
	A	A	A
Frequencies --	236.6777	291.6785	402.6761
Red. masses --	1.0279	1.1326	2.1187
Frc consts --	0.0339	0.0568	0.2024
IR Inten --	0.0000	0.0000	0.2261
Raman Activ --	0.0004	0.0165	0.4504

从上到下依次为：频率大小、约化质量、力常数、IR 强度、拉曼活性（强度）。

热力学

频率分析也给出体系的一些热力学参数，包括零点能（ZPE）、热力学能、焓及吉布斯自由能等。在默认情况下，系统计算在 298.15 K 和 1 atm 下的热力学数值。

下面是输出的计算热力学的参数

```
-------------------
- Thermochemistry -
-------------------
Temperature    298.150 Kelvin.    Pressure    1.00000 Atm.
Atom   1 has atomic number   6 and mass   12.00000
Atom   2 has atomic number   6 and mass   12.00000
Atom   3 has atomic number   1 and mass    1.00783
Atom   4 has atomic number   1 and mass    1.00783
Atom   5 has atomic number   1 and mass    1.00783
Atom   6 has atomic number   6 and mass   12.00000
Atom   7 has atomic number   1 and mass    1.00783
Atom   8 has atomic number   1 and mass    1.00783
Atom   9 has atomic number   1 and mass    1.00783
Atom 10 has atomic number   1 and mass    1.00783
Atom 11 has atomic number   1 and mass    1.00783
Molecular mass：    44.06260 amu.
······
```

Zero-point correction= 0.110949（Hartree/Particle）

Thermal correction to Energy=0.115293

Thermal correction to Enthalpy=0.116237

Thermal correction to Gibbs Free Energy=0.085405

Sum of electronic and zero-point Energies＝－117.502352

Sum of electronic and thermal Energies＝－117.498008

Sum of electronic and thermal Enthalpies＝－117.497063

Sum of electronic and thermal Free Energies＝－117.527895

Gaussian 提供在指定温度和压力下的热力学数值计算。

	E (Thermal)	CV	S
	kcal·mol^{-1}	cal·mol^{-1}—Kelvin	cal·mol^{-1}—Kelvin
Total	72.348	13.760	64.892
Electronic	0.000	0.000	0.000
Translational	0.889	2.981	37.275
Rotational	0.889	2.981	22.688
Vibrational	70.570	7.798	4.928

注意这里的热容是比定压热容。

热力学计算的方法可以参考有关统计热力学方面的书。

②极化率和超极化率

频率分析还可以计算极化率和超极化率，一般在输出文件的末尾处极化率的输出为：

Exact polarizability： 33.189 0.000 30.080 0.000 0.000 29.609

Approx polarizability： 25.046 0.000 25.392 0.000 0.000 25.990

所列出的值是对应标准坐标的下三角型格式 xx,xy,yy,xz,yz,zz

超极化率列出的是下四角顺序(lower tetrahedral order)，但采用的坐标是内坐标。

③表征稳定点

频率分析的另外一个用处是判断稳定点的本质。稳定点表述的是在势能面上力为零的点，它既可能是极小值，也可能是鞍点。极小值在势能面的各个方向都是极小的。而鞍点则是在某些方向上是极小的，但在某一个方向上是极大的，因为鞍点是连接两个极小值的点。

查看输出文件中频率的信息，就可以判断稳定点的信息。

没有负的频率——极小点

有且只有一个负的频率——一阶鞍点(过渡态)

有 n 个虚频——n 阶鞍点

【实验仪器】

计算机并配有 Gaussian 09W 和 Gview 程序。

【计算练习】

练习1：在 B3LYP/6-31G(d)水平下优化乙烯醇的两个异构体(注：两个异构体中 HOCC 二面角分别为 0°和 180°)，并进行频率分析。

要求：查看输出文件并判断二者是否都为极小值？记录体系的能量值、焓值和熵值，并比较二者的稳定性。

练习 2. 在 B3LYP/6-31G(d)水平下分别对重叠式和交错式乙烷的构型进行优化，并计算频率。

要求：查看并记录几何参数，确定它们构型的相对稳定性，记录体系的红外强度和拉曼强度。

练习3：利用 PM3、HF/6-311＋G(d,p)、B3LYP/6-311＋G(d,p)和 MP2/6-311＋G(d,p)理论方法计算水和重水的频率。

要求：查找并记录几何参数、振动频率并与实验值对比，评价各方法的优劣。

实验值:水的频率（单位:cm^{-1}）($\nu_1 = 1\,648.50$,$\nu_2 = 3\,832.20$,$\nu_3 = 3\,942.50$)

重水的频率（单位:cm^{-1}）($\nu_1 = 1\,206.00$,$\nu_2 = 2\,763.80$,$\nu_3 = 2\,888.90$)

练习 4: 利用 HF/6-31G(d)、B3LYP/6-31G(d) 理论方法计算甲烷的拉曼光谱。

要求:保存甲烷分子的拉曼光谱图,标记特征峰。

练习 5: 利用 B3LYP 和 QCISD［基组 6-311＋G(2df,2p)］计算 $H^+ + H_2O \longrightarrow H_3O^+$ 反应的焓变(生成物的焓减去反应物的焓)。

要求:查找并记录各物质的焓值,计算反应焓变并与实验值(－165.3±1.5 kcal/mol)对比,评价各方法的优劣。

练习 6: 用 B3LYP/6-311＋G(3df,2p)//B3LYP/6-31G(d) 计算以下三个反应的自由能变:

$CH_3COX + CH_3CH_3 \longrightarrow CH_3COCH_3 + CH_3X$

X＝H, F, Cl

要求:查找并记录各物质的吉布斯自由值,计算反应的自由能变并与实验值 (－9.9±0.3, 17.9±1.3, 6.6±0.3)对比。

实验 17 分子介电常数和偶极矩的测定

【实验目的及要求】

(1)掌握溶液法测定分子介电常数和偶极矩的原理与方法。

(2)掌握测定液体电容的原理与技术。

【实验原理】

(1)偶极矩与摩尔极化率

分子结构可以近似地看作由电子云和分子骨架(原子核及内层电子)所构成。由于其空间构型的不同,其正、负电荷中心可以是重合的,也可以不重合。前者称为非极性分子,后者称为极性分子。

1912 年德拜提出"偶极矩"μ 的概念来度量分子极性的大小,如图 17-1 所示。其定义为

$$\mu = q \cdot d \qquad (17\text{-}1)$$

式中,q 为正(负)电荷中心所带的电荷量;d 为正、负电荷中心之间的距离。

对于同一个分子,d 的大小与分子的极化率有关。偶极矩 μ 是一个矢量,其方向规定为从正到负。因分子中原子间距离的数量级为 1×10^{-10} m,电荷的数量级为 1×10^{-20} C(库仑),所以偶极矩的数量级为 1×10^{-30} C·m。

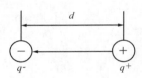

图 17-1 分子偶极矩示意图

在电场作用下,分子不管有无极性,都可以被电场极化。分子在电场作用下的极化可分为三种:电子极化、原子极化和取向极化,分别用 $P_{电子}$、$P_{原子}$ 和 $P_{取向}$ 表示,极化的程度可以用摩尔极化率 P 表示。

在静电场或低频电场中,摩尔极化率 $P_{低频}$ 等于三项之和:

$$P_{低频} = P_{电子} + P_{原子} + P_{取向} \qquad (17\text{-}2)$$

在高频($\nu \geqslant 1 \times 10^{15}$ s^{-1})电场中,由于极性分子的转向运动跟不上电场频率变化,$P_{取向} = 0$,而 $P_{原子}$ 仅为 $P_{电子}$ 的 $5\% \sim 10\%$,则

$$P_{低频} - P_{高频} = P_{取向} \qquad (17\text{-}3)$$

由玻耳兹曼分布证明:

$$P_{取向} = \frac{4}{3} \pi L \frac{\mu^2}{3kT} = \frac{4}{9} \pi L \frac{\mu^2}{kT} \qquad (17\text{-}4)$$

式中,L 为阿伏伽德罗常数,$6.022\,14 \times 10^{23}$ mol^{-1};k 为玻耳兹曼常量,$1.380\,66 \times 10^{-23}$ J·K^{-1};

T 为热力学温度；μ 为分子的永久偶极矩。

因此，只要测得在低频及高频电场中的摩尔极化率，就可以根据式(17-4)求出偶极矩。通过测定偶极矩，可以了解分子中电子云的分布和分子对称性，判断几何异构体和分子的立体结构。

(2)摩尔极化率与介电常数

依据德拜方程，对于分子间不存在相互极化的系统，有

$$P = P_{低频} = \frac{\varepsilon - 1}{\varepsilon + 2} \cdot \frac{M}{\rho}$$

式中，$P_{低频}$ 为气态物质分子在静电场或低频电场作用下的摩尔极化率。

而实际上，为避免物质在气态时测量的困难，常将极性溶质溶解在非极性溶剂中配成无限稀的溶液。在无限稀的溶液中，极性溶质的摩尔极化率 P 用 P_B^∞ 代替，即

$$P_B^\infty = \frac{\varepsilon - 1}{\varepsilon + 2} \cdot \frac{M}{\rho} \tag{17-5}$$

对于无限稀溶液，溶液的介电常数 ε、溶液的密度 ρ 及溶质的摩尔分数 x_B 的关系可以近似表示为

$$\varepsilon = \varepsilon_A (1 + k_1 x_B) \tag{17-6}$$

$$\rho = \rho_A (1 + k_2 x_B) \tag{17-7}$$

于是，对于低频电场作用下的无限稀溶液，可以导出

$$P_{低频} = P_B^\infty = \lim_{x_B \to 0} P_B = \frac{3 k_1 \varepsilon_A}{(\varepsilon_A + 2)^2} \cdot \frac{M_A}{\rho_A} + \frac{\varepsilon_A - 1}{\varepsilon_A + 2} \cdot \frac{M_B - k_2 M_A}{\rho_A} \tag{17-8}$$

式中，ε_A、ρ_A、M_A 为溶剂的介电常数、密度和摩尔质量；M_B 为溶质的摩尔质量；k_1、k_2 为待定常数。

(3)摩尔极化率与折射率

在高频($\nu \geqslant 1 \times 10^{15}\ \mathrm{s}^{-1}$)电场中，透明物质的介电常数 ε 与其折射率 n 的关系为 $\varepsilon = n^2$。于是，依据式(17-5)有

$$P_{高频} = R_B^\infty = \frac{n^2 - 1}{n^2 + 2} \cdot \frac{M}{\rho} \tag{17-9}$$

稀溶液的折射率 n 与溶质的摩尔分数 x_B 的关系为

$$n = n_A (1 + k_3 x_B) \tag{17-10}$$

于是可以导出

$$P_{高频} = R_B^\infty = \lim_{x_B \to 0} R_B = \frac{n_A^2 - 1}{n_A^2 + 1} \cdot \frac{M_B - k_2 M_A}{\rho_A} + \frac{6 n_A^2 M_A k_3}{(n_A + 2)^2 \rho_A} \tag{17-11}$$

以上三式中，n、n_A 为溶液和溶剂的折射率；R_B^∞ 为无限稀溶液中溶质的摩尔折射率；k_3 为待定常数。

(4)偶极矩 μ 的计算

结合式(17-3)、式(17-4)、式(17-8)和式(17-11)可以导出偶极矩的计算公式如下：

$$\mu = 0.128 \sqrt{(P_B^\infty - R_B^\infty) T} \ (\mathrm{D}) \tag{17-12}$$

$$\mu = 42.6 \times 10^{-33} \sqrt{(P_B^\infty - R_B^\infty) T} \ (\mathrm{C \cdot m}) \tag{17-13}$$

由此可见，只要通过介电常数、密度、折射率等物质宏观性质的测定即可求得微观性

质摩尔极化率 P_B^∞ 和摩尔折射率 R_B^∞ 以及分子偶极矩。

（5）介电常数的测定

物质 B 的介电常数 ε 定义为电容器中用该物质为电解质时的电容 C 和同一电容器中为真空时的电容 C_0 之比值：

$$\varepsilon = C/C_0 \tag{17-14}$$

当用电容测定仪测量某物质的电容时，实测电容包括物质 B 的电容 C_B 和仪器的分布电容 C_d，故需要用已知介电常数的标准物质把仪器的分布电容测出来。方法是，先将已知介电常数为 ε_s 的物质充入电容器中，实测电容 C_s' 应为 C_s 和 C_d 之和，即

$$C_s' = C_s + C_d \tag{17-15}$$

同理，当电容器中只有空气时的实测电容为

$$C_{air}' = C_{air} + C_d \tag{17-16}$$

式（17-15）减式（17-16）得

$$C_s' - C_{air}' = C_s - C_{air} \tag{17-17}$$

取空气的电容近似等于真空的电容 $C_{air} \approx C_0$，由式（17-14）得

$$\varepsilon_s = C_s/C_{air} \tag{17-18}$$

将式（17-17）和（17-18）联立解得：

$$C_{air} = \frac{C_s' - C_{air}'}{\varepsilon_s - 1} \tag{17-19}$$

再将解得的 C_{air} 代入式（17-16）解得：

$$C_d = \frac{C_{air}' \varepsilon_s - C_s'}{\varepsilon_s - 1} \tag{17-20}$$

有了 C_d 之后，再将待测溶液或待测液体充入电容器，测得其真实电容 $C_m = C + C_d$。将 C 代入式（17-14）计算其介电常数。

【仪器和药品】

仪器：精密电容测量仪，阿贝折射仪，电容池，比重管，油浴超级恒温槽，干燥器，容量瓶。

药品：正己烷（AR），环己酮（AR），苯（AR，经干燥）。

【实验步骤】

（1）溶液的配制

用环己烷作为溶剂，配制环己酮的摩尔分数分别为 0.01、0.02、0.03、0.06 和 0.09 的溶液各 25 mL，配好后立即转入干燥器内。

（2）折射率的测定

用阿贝折射仪测定 25 ℃下溶剂环己烷及各溶液的折射率，每个试样测 3 次，取平均值。

（3）介电常数的测定

以苯为标准物质，用精密电容测量仪测量 25 ℃下苯、空气、环己酮及各溶液的电容。苯的介电常数与温度的关系如下：

$$\varepsilon_s = 2.283 - 0.001\,9(t - 20)$$

测得每一个试样的 C' 之后都需要吹干电容池,重测 C'_{air},每个 C' 都要重复读数 3 次,每两次之间的读数误差不超过 0.05 pF。

（4）密度的测定

如果液体有挥发性,要用比重管测其密度。比重管构造示意图如图 17-2 所示。E、F 两臂端各有一个磨口帽,F 臂上有一刻度线 S。使用时,摘下两个磨口帽,将比重管倒置,使 E 臂端插入待测液体中,用洗耳球从 F 臂端慢慢将液体吸入比重管,直至液体超过 S 刻度线,比重管内没有气泡为止。盖上磨口帽置于油浴超级恒温槽中恒温 10 min,然后摘下磨口帽稍向 E 臂端倾斜,用滤纸从 E 臂端口处吸去多余液体,使 F 臂端液面刚好在刻度 S 处,然后先盖上 E 臂端的磨口帽,再盖上 F 臂端的磨口帽,取出比重管,用滤纸擦干,挂在天平上称其质量,为 m_2。用上述方法称量充以已知密度

图 17-2　比重管构造示意图

为 ρ_1 的参考液体的比重管的质量为 m_1,然后称量空比重管,得质量为 m_0,则待测液体的密度为

$$\rho = \frac{m_2 - m_0}{m_1 - m_0} \times \rho_1 \tag{17-21}$$

参考液体通常用水。为使比重管容易干燥同时避免其他杂质混入,可用纯溶剂作为参考液体。

【注意事项】

（1）乙酸乙酯易挥发,配制溶液时动作应迅速,以免影响浓度。

（2）本实验溶液中防止含有水分,所配制溶液的器具需干燥,溶液应透明不发生浑浊。

（3）测定电容时,应防止溶液的挥发及吸收空气中极性较大的水汽,影响测定值。

【数据处理】

（1）将环己烷、环己酮及各溶液的有关数据列表。

（2）用式（17-21）计算各溶液的密度,作 ρ-x_B 图,求出式（17-7）中的 k_2。

（3）作各溶液折射率-组成图,即 n-x_B 图,由直线斜率根据式（17-10）求得 k_3。

（4）由测得的 C'_s、C'_{air} 和 ε_s,根据式（17-19）和式（17-16）算出 $C_0(C_{air})$ 和 C_d。

（5）由各溶液及液体的实测电容 C',计算其各自的真实电容 C,根据式（17-14）计算各溶液及液体的介电常数 ε。

（6）作各溶液的 ε-x_B 图,由直线斜率,根据式（17-6）求得 k_1。

（7）由式（17-8）计算环己酮的 P_B^∞。

（8）由式（17-11）计算环己酮的 R_B^∞。

（9）由式（17-13）计算环己酮的偶极矩 μ。

【思考题】

（1）为什么测定极性物质的转化率时要把它溶于非极性溶剂中而且配成稀溶液?

（2）测定电容时为什么要用已知介电常数的标准物质？

（3）测定电容时为什么要用介电常数较小的油浴恒温？

（4）本实验测定的折射率 n，密度 ρ 和介电常数 ε 中，哪个对偶极矩 μ 的测定误差影响最大？如何改进？

【讨论】

（1）从偶极矩的数据可以了解分子的对称性、判别其几何异构体和分子的主体结构等问题。偶极矩一般是通过测定介电常数、密度、折射率和浓度来求算的。对介电常数的测定除电桥法外，其他主要还有拍频法和谐振法等，对于气体和电导很小的液体以拍频法为好；有相当电导的液体用谐振法较为合适；对于有一定电导但不大的液体用电桥法较为理想。虽然电桥法不如拍频法和谐振法精确，但设备简单，价格便宜。

测定偶极矩的方法除由对介电常数等的测定来求算外，还有其他的方法，如分子射线法、分子光谱法、温度法以及利用微波谱的斯塔克效应等。

（2）溶液法测得的溶质偶极矩和气相测得的真空度值之间存在着偏差，造成这种偏差现象主要是由于在溶液中存在溶质分子与溶剂分子以及溶剂分子及溶剂分子间作用的溶剂效应。

实验 18 H₂O₂ 催化分解反应速率常数的测定

【实验目的及要求】

(1)掌握以 H_2O_2 为例测量一级反应动力学反应速率常数及表观活化能的测定方法。

(2)了解催化剂的作用及使用注意事项。

【实验原理】

对于反应

$$aA + bB = yY + zZ$$

其微分速率方程为

$$\frac{dc_A}{dt} = kc_A^{\alpha}c_B^{\beta} \tag{18-1}$$

若实验确定某反应物 A 的消耗速率与 A 的浓度一次方成正比,则该反应为一级反应,其微分速率方程可表达为

$$-(dc_A/dt) = k_A c_A \tag{18-2}$$

积分得

$$\ln(c_A/c_{A,0}) = -k_A t \tag{18-3}$$

本实验将以 H_2O_2 分解反应为研究体系进行一级反应动力学研究。由式(18-3)可见,只要测定不同时刻 H_2O_2 的浓度即可计算出反应速率常数 k_A。由于 H_2O_2 浓度的原位实时监测相对较困难,故可利用 H_2O_2 分解反应只产生 O_2 一种气体的特点,在恒温定压下测量 O_2 体积,再转换成 H_2O_2 浓度。即按照反应方程式:

$$H_2O_2 = H_2O + \frac{1}{2}O_2$$

设 H_2O_2 初始浓度为 $c_{A,0}$,全部分解产生 V_{∞} 体积 O_2,反应 t 时刻产生的 O_2 体积为 V_t,则

$$c_{A,0} \propto V_{\infty}, \quad c_A \propto (V_{\infty} - V_t)$$

将以上关系式代入式(18-3)得

$$\ln\frac{V_{\infty} - V_t}{V_{\infty}} = -k_A t \tag{18-4}$$

或

$$\lg(V_{\infty} - V_t) = -\frac{k_A t}{2.303} + \lg V_{\infty} \tag{18-5}$$

以 $\lg(V_{\infty} - V_t)$ 对 t 作图,如果得直线,那么可验证 H_2O_2 分解反应为一级反应,直线的斜率即为反应速率常数 k_A。

由阿伦尼乌斯方程

$$\ln \frac{k_2}{k_1} = \frac{E_a}{R}\left(\frac{1}{T_1} - \frac{1}{T_2}\right) \tag{18-6}$$

可知,只要测得两温度 T_1、T_2 下的反应速率常数 k_1、k_2,即可计算反应的表观活化能 E_a。

H_2O_2 分解反应的速率与 H_2O_2 浓度、反应温度、pH、催化剂种类及浓度密切相关。本实验将选用 $Fe(NH_4)(SO_4)_2$ 作为催化剂,测得的反应速率常数与温度、Fe^{3+} 浓度和溶液的 pH 有关。

【仪器和药品】

仪器:反应瓶,催化剂储瓶,储水瓶,恒温水浴槽,秒表,100 mL 容量瓶,10 mL 移液管,滴管,等等。

药品:H_2O_2 溶液,$0.2\ mol \cdot L^{-1}\ Fe(NH_4)(SO_4)_2$ 溶液。

【实验步骤】

(1)将恒温水浴温度调至 25 ℃,打开搅拌器。

(2)检查装置气密性:首先将储水瓶装满水,关闭二通阀,将干燥的反应瓶及催化剂储瓶按照图 18-1 安装好,调节三通阀至三通状态。然后将储水瓶抬高至量气管中间刻度以上位置,打开二通阀,此时两管液面同时升高,关闭二通阀后放下储水瓶。再将三通阀顺时针旋转约 90°,使反应瓶与大气隔绝而与量气管连通。再将二通阀打开,使两管液面下降,形成一定高度差后关闭二通阀,液位差保持 2 min 不变认为系统气密性良好。

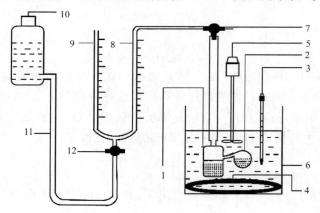

1—反应瓶;2—催化剂储瓶;3—温度计;4—恒温水浴加热装置;5—恒温水浴搅拌机;6—恒温水浴槽;
7—三通阀;8—量气管;9—平衡管;10—高位储水瓶;11—胶皮管;12—二通阀

图 18-1　H_2O_2 分解反应装置示意图

(3)将 2 mL 催化剂转移至催化剂储瓶、10 mL 一定浓度的 H_2O_2 加入反应瓶中,二者磨口连接好后,再将反应瓶用橡皮管连接到量气管。将反应瓶固定到夹子上再放置于恒温水浴槽中。注意不要使 H_2O_2 和催化剂混合,恒温 10 min,使 H_2O_2 和催化剂的温度与水浴温度相同。

（4）将三通阀调节至三通状态，提高储水瓶使两管液面等高且量气管液面至 0 刻度。温度达到平衡后，取出恒温水浴槽中的反应瓶，将催化剂储瓶旋转使催化剂流入反应瓶中，再次调节三通阀使量气管与反应瓶连通而与大气隔绝，开始计时。注意反应瓶磨口处不要泄漏。再将反应瓶置于恒温水浴槽中。观察量气管液面下降，同时通过调整二通阀使两管液面始终保持齐平，每反应产生 5.0 mL 气体时记录下对应时间，至 30 mL 后停止计时。将反应瓶转移至预先准备的低于 60 ℃ 的热水中，注意转移过程装置保持密封，不能漏气。至反应瓶中不再产生气体后，将反应瓶放回恒温水浴槽中，恒温几分钟使反应装置达到设定温度后，调整两管液面等高，读取气体体积 V_∞，记录到表 18-1 中。

（5）将恒温水浴温度调到 35 ℃，重复实验步骤（3）和（4），测量该温度下的 V_t、V_∞，记录到表 18-2 中。

【注意事项】

（1）H₂O₂ 长时间放置会分解，故配制时需根据放置时间改变用量。

（2）该反应是通过读取产生气体体积的原理测量反应速率常数，所以整个测试过程必须保证系统气密性良好，在实验过程中防止三通阀、二通阀及反应瓶与导气管连接处等漏气。

（3）催化剂 60 ℃ 以上会分解，故温度应控制在 50～60 ℃，提高反应速率的同时保证催化剂不失活。

【数据处理】

（1）以 $\lg(V_\infty - V_t)$ 对 t 作图，由斜率求反应速率常数 k_A。

（2）按式（18-6）计算反应的表观活化能 E_a。

（3）写出以 H₂O₂ 的消耗速率表示的速率方程。

表 18-1　H₂O₂ 催化分解测定数据表（25 ℃）

时间 t/min	分解氧气体积 V_t/mL	V_∞/mL	$(V_\infty - V_t)$/mL	$\lg(V_\infty - V_t)$

表 18-2　H₂O₂ 催化分解测定数据表（35 ℃）

时间 t/min	分解氧气体积 V_t/mL	V_∞/mL	$(V_\infty - V_t)$/mL	$\lg(V_\infty - V_t)$

【思考题】

(1)反应速率常数与哪些因素有关？

(2)H_2O_2 的浓度是否要配的很准？加入反应瓶的 H_2O_2 体积是否要准确？$Fe(NH_4)(SO_4)_2$ 的体积和浓度是否要准确？为什么？

(3)在反应过程中,如果量气管液面与平衡管液面不在同一个水平面上,对反应有何影响？

【讨论】

(1)测定各反应时刻指定物质的浓度可用化学分析法,也可以用物理分析法。化学分析法是指在反应过程中每隔一定时间取出一部分反应混合物,使用骤冷、酸碱中和或试剂稀释等方法使反应迅速停止,记录时间,分析后可直接求出浓度。物理分析法是测量反应系统在指定时刻某一物理性质(如电导、折射率、体积、压力、旋光度等),然后通过相关计算求出指定物质在相应时刻的浓度。用物理分析法所选择的待测物理量一般满足以下要求：

①该物理性质与反应系统中某物质的浓度要有确定的函数关系。

②在反应过程中反应系统的该物理性质要有明显变化且方便可测。

③不能有影响测定的干扰因素,或有干扰因素但可以有办法消除之。

(2)该实验是采用测量 H_2O_2 分解生成 O_2 的体积来计算 H_2O_2 的浓度。反应开始几分钟内反应速度较慢,有人认为存在诱导期。可以采用将开始生成的 O_2 放掉,几分钟后开始收集。也可以在数据处理时不考虑开始的数据点。

实验 19　乙酸乙酯皂化反应速率常数及表现活化能的测定

【实验目的及要求】

(1)掌握电导率仪和恒温水浴槽的使用方法。

(2)学会用图解法求二级反应速率常数,并计算反应的表现活化能。

【实验原理】

乙酸乙酯皂化反应是一个二级反应,其反应方程式为

$$CH_3COOC_2H_5(A) + OH^-(B) \longrightarrow CH_3COO^- + C_2H_5OH$$

实验确定反应物 A 的消耗速率与 A 和 B 的物质的量浓度的乘积成正比,其微分速率方程为

$$\frac{dc_A}{dt} = kc_Ac_B \tag{19-1}$$

若两种反应物的初始浓度相等,均为 c_0,则反应的速率方程为

$$-\frac{d(c_0 - x)}{dt} = k(c_0 - x)^2 \tag{19-2}$$

式中,x 为反应时刻 t 时反应物 A 或 B 消耗的浓度,也是生成物的浓度;k 为反应速率常数。

积分式(19-2)得

$$k = \frac{1}{tc_0} \cdot \frac{x}{c_0 - x} \tag{19-3}$$

只要测得不同反应时间 t 生成物的浓度 x,就可求出该反应的速率常数。如果 k 值为常数,就证明反应为二级。

不同时间生成物的浓度可用化学分析法测定(如分析反应液中 OH^- 的浓度),也可用物理分析法测定(如测量系统的电导、体积、折射率等)。本实验用系统电导率的变化监测浓度的变化,其依据如下:

(1)反应系统中只有 NaOH 和 CH_3COONa 是强电解质,并且 OH^- 的电导率比 CH_3COO^- 大很多。随着反应的进行,OH^- 的浓度不断降低,反应系统的电导率不断下降。

(2)在溶液很稀时,每种强电解质的电导率与其浓度成正比,而且溶液的总电导率等于组成溶液的电解质的电导率之和:

$$\kappa_t = A_1(c_0 - x) + A_2x$$

当 $t=0$ 时,有

$$\kappa_0 = A_1 c_0$$

当 $t \to \infty$ 时,有

$$\kappa_\infty = A_2 c_0$$

式中,A_1、A_2 为与温度、溶剂和电解质的性质有关的比例系数;κ_0、κ_∞ 为反应开始和终了时溶液的总电导率;κ_t 为反应时间 t 时系统的总电导率。

整理上述三式得

$$x = \frac{\kappa_0 - \kappa_t}{\kappa_t - \kappa_\infty} c_0 \tag{19-4}$$

把式(19-4)代入式(19-3)得

$$k = \frac{1}{t c_0} \frac{\kappa_0 - \kappa_t}{\kappa_t - \kappa_\infty}$$

或

$$\kappa_t = \frac{1}{k c_0} \frac{\kappa_0 - \kappa_t}{t} + \kappa_\infty \tag{19-5}$$

以 κ_t 对 $\frac{\kappa_0 - \kappa_t}{t}$ 作图得一直线,其斜率为 $\frac{1}{k c_0}$,由斜率值可求反应速率常数 k。

反应速率常数 k 与温度的关系一般符合阿伦尼乌斯方程:

$$\frac{\mathrm{d}\ln\{k\}}{\mathrm{d}T} = \frac{E_a}{RT^2}$$

其积分式为

$$\lg\{k\} = -\frac{E_a}{2.303RT} + C \tag{19-6}$$

式中,E_a 为反应的表观活化能。

只要测得不同温度下的反应速率常数 k,作 $\lg\{k\}$-$\frac{1}{T}$ 图,应得到一条直线,由直线的斜率即可算出 E_a。也可以测定两个温度的反应速率常数用定积分式计算,即

$$\ln\frac{k_2}{k_1} = -\frac{E_a}{R}\left(\frac{1}{T_2} - \frac{1}{T_1}\right) \tag{19-7}$$

【仪器和药品】

仪器:NDCH-1 型电导率仪,电导电极,玻璃恒温水浴槽,大试管,双管皂化池(图 19-1),100 mL 容量瓶,10 mL 移液管,洗耳球。

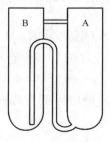

图 19-1　双管皂化池

药品:乙酸乙酯溶液,氢氧化钠溶液。

【实验步骤】

(1)调节恒温水浴至规定温度(25 ℃),并开启搅拌。

(2)将电导电极连接在 NDCH-1 型电导率仪上,然后将"量程"旋钮旋至"校准"挡,"温度补偿"旋至 25 ℃刻度线,调节"常数"旋钮,使仪器显示电导池常数值的 100 倍(例如,电极上标 $k = 1.050$,则仪器上显示 105.0)。校正完成后,将仪器"量程"旋钮旋至"20 mS·cm^{-1}"挡处。用去离子水将电导电极清洗干净,并用滤纸条吸干(不要擦拭!),待用。

(3)测量 25 ℃下的 κ_0

将大试管夹在铁夹上,用移液管取 10 mL 0.020 0 mol·L^{-1} NaOH 溶液放入大试管中,再取 10 mL 去离子水放入大试管使该溶液稀释一倍,将洗净、吸干的电极插入大试管中(液面高于电极 1 cm 以上),将试管放入恒温水浴槽中恒温 10 min,仪器显示该被测液的电导率值,此值即为 25 ℃下的 κ_0。取出大试管及溶液,放好,测量 35 ℃下的 κ_0 时再用。

(4)测量 25 ℃下的 κ_t

①首先将双管皂化池固定在铁夹上,并按照图 19-2 所示连接好仪器。分别用移液管取 0.020 0 mol·L^{-1} NaOH 溶液和 0.020 0 mol·L^{-1} CH$_3$COOC$_2$H$_5$ 溶液各 10 mL,放入皂化池的 A 管和 B 管中,塞上两个塞子以防止挥发。将皂化池放入恒温水浴槽中,恒温 10 min。

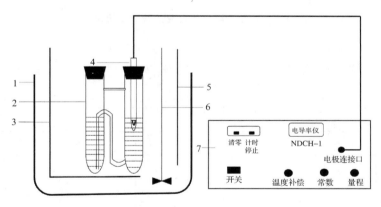

1—恒温水浴槽;2—双管皂化池;3—加热圈;4—电导电极;5—温度计;6—搅拌器;7—电导率仪

图 19-2　乙酸乙酯反应装置示意图

②用洗耳球将 A 管中的溶液缓慢压入 B 管中,当 A 管中的溶液挤压出一半时,按下电导率仪上的"计时"键,开始记录反应时间。继续将 A 管溶液全部压入 B 管中,使溶液完全混合。再将 B 管中的混合液用洗耳球全部吸回到 A 管,如此,反复混合 2~3 次。使溶液混合均匀,最后将 A 管中的溶液全部挤压到 B 管中。将洗净、吸干的电导电极插入皂化池 B 管中(保证皂化管中的溶液没过电极 1 cm 以上),此时仪器显示数值即电导率值。分别测定不同时间反应溶液的电导率值,直到 30 min。取出皂化池,并把反应后的

溶液倒入水池中,然后用去离子水把皂化池清洗干净。

(5)测量 35 ℃下的 κ_0

将恒温水浴的温度升高至 35 ℃,再将大试管里的溶液置于恒温水浴槽中,恒温 10 min 后,测定 35 ℃的 κ_0。将溶液倒入水池中,并将大试管清洗干净。

(6)重复步骤(4),测定 35 ℃下的 κ_t。

(7)实验完毕后,用去离子水将电极淋洗干净,用滤纸吸干,放入电极盒;把试管和皂化池清洗干净,放入烘箱中干燥。

【注意事项】

(1)乙酸乙酯需要在进行皂化反应前临时配制,配制时动作要迅速,以减少挥发损失。

(2)将皂化池的 A 管固定在铁夹上,混合乙酸乙酯及 NaOH 溶液时,不要用力压双管皂化池,防止双管皂化池在中间连接处断裂。

(3)用洗耳球将溶液由 A 管向 B 管压入时,不要压的太猛,以防溶液溅出。

(4)反应时双管皂化池中的液面一定要低于恒温水浴槽的液面,以保证皂化反应在恒温的环境下进行。

【数据处理】

(1)分别列出 25 ℃和 35 ℃条件下的实验数据记录表,并将测得的数据记录在表格里。

(2)作 κ_t-$(\kappa_0-\kappa_t)\times 1000/t$ 图,分别由直线斜率求出两个温度下的反应速率常数 k。

(3)由式(19-7)求出 E_a。

表 19-1　乙酸乙酯皂化反应实验数据记录表

25 ℃,c_0:＿＿＿＿＿＿＿ mol·L^{-1},　κ_0:＿＿＿＿＿＿＿ S·m^{-1}。

反应时间 t/min	电导率 κ_t/(S·m^{-1})	$(\kappa_0-\kappa_t)$/(S·m^{-1})	$\dfrac{1\,000(\kappa_0-\kappa_t)}{t}$/(S·m^{-1}·min^{-1})
2			
4			
6			
8			
10			
15			
20			
25			
30			

35 ℃，c_0：_____ mol·L^{-1}，　κ_0：_____ S·m^{-1}。

反应时间 t/min	电导率 κ_t/(S·m^{-1})	$(\kappa_0-\kappa_t)$/(S·m^{-1})	$\dfrac{1\ 000(\kappa_0-\kappa_t)}{t}$/(S·m^{-1}·min^{-1})
2			
4			
6			
8			
10			
15			
20			
25			
30			

【思考题】

（1）为什么乙酸乙酯溶液需要临时配制？

（2）为什么乙酸乙酯与氢氧化钠溶液的浓度必须足够稀？

（3）实验中乙酸乙酯和氢氧化钠溶液的初始浓度一样的目的是什么？若二者初始浓度不同，是否影响速率常数的测定？

（4）测量 κ_0 时为何要将 NaOH 溶液的浓度稀释一倍？

（5）如果本实验需要测定 κ_∞，如何进行有效、快速地测量？

【讨论】

（1）乙酸乙酯皂化反应是吸热反应，混合后系统的温度降低，所以在混合后的前几分钟内所测溶液的电导率值偏低，因此数据处理时最好舍弃反应 4 min 内的测量值。

（2）求反应速率的方法很多，归纳起来有化学分析法及物理化学分析法两类。化学分析法是在一定时间取出一部分试样，使用骤冷或取出催化剂等方法使反应停止，然后进行分析，直接确定相关反应物或产物的浓度。这种方法虽然设备简单，但时间较长，比较麻烦。物理化学分析法是根据反应物或生成物的物理化学性质，利用一定的仪器设备对反应物或生成物进行分析、测定，进而间接确定其浓度变化。物理化学分析法有旋光、折光、电导、分光光度等方法，根据不同的情况选用不同的仪器。该方法具有实验时间短、速度快、可不中断反应，而且还可以采用自动化的装置。但是由于只能得出间接的数据，因而往往因某些杂质的存在而产生较大的误差。

（3）电导率仪介绍见附录 5。

实验 20　蔗糖水解速率常数的测定

【实验目的及要求】

(1)了解旋光仪的结构、原理和测定旋光度的原理,正确掌握旋光仪的使用方法。

(2)利用旋光仪测定蔗糖水解反应的速率常数。

【实验原理】

根据实验确定反应 $A+B \longrightarrow C$ 的速率公式为

$$\frac{\mathrm{d}x}{\mathrm{d}t}=k'(a-x)(b-x) \tag{20-1}$$

式中,a、b 为 A、B 的起始浓度;x 为时间 t 时生成物的浓度;k' 为反应速率常数。

　　这是一个二级反应。但若起始时两物质的浓度相差很远,$b \gg a$,在反应过程中 B 的浓度减少很小,可视为常数,上式可写成

$$\frac{\mathrm{d}x}{\mathrm{d}t}=k(a-x) \tag{20-2}$$

此式为一级反应。把上式移项积分:

$$\int_{0}^{x}\frac{\mathrm{d}x}{a-x}=\int_{0}^{t}k\mathrm{d}t$$

得

$$k=\frac{2.303}{t}\lg\left(\frac{a}{a-x}\right) \tag{20-3}$$

或

$$\int_{x_1}^{x_2}\frac{\mathrm{d}x}{a-x}=\int_{t_1}^{t_2}k\mathrm{d}t$$

得

$$k=\frac{2.303}{t_2-t_1}\lg\left(\frac{a-x_1}{a-x_2}\right) \tag{20-4}$$

　　蔗糖水解反应就是属于此类反应,即

$$C_{12}H_{22}O_{11}+H_2O \xrightarrow{H^+} C_6H_{12}O_6+C_6H_{12}O_6$$
$$\text{蔗糖}\qquad\text{水}\qquad\quad\text{葡萄糖}\qquad\text{果糖}$$

其反应速率和蔗糖、水以及作为催化剂的氢离子浓度有关,水在这里作为溶剂,其量远大于蔗糖,可看作常数。所以此反应看作一级反应。当温度及氢离子浓度为定值时,反应速率常数为定值。蔗糖及其水解后的产物都具有旋光性,且它们的旋光能力不同,所以可以系统反应过程中旋光度的变化来度量反应的进程。

在实验中,把一定浓度的蔗糖溶液与一定浓度的盐酸溶液等体积混合,用旋光仪测定旋光度随时间的变化,然后推算蔗糖的水解程度。因为蔗糖具有右旋光性,比旋光度 $[\alpha]_D^{20}=66.37°$,而水解产生的葡萄糖为右旋性物质,其比旋光度为 $[\alpha]_D^{20}=52.7°$;果糖为左旋性物质,其比旋光度为 $[\alpha]_D^{20}=-92°$。由于果糖的左旋光性比较大,故进行反应时,右旋数值逐渐减小,最后变成左旋,因此蔗糖水解作用又称为转化作用。旋光度的大小与溶液中被测物质的旋光性、溶剂性质、光源波长、光源所经过的厚度、测定时温度等因素有关。当这些条件固定时,旋光度 α 与被测溶液的浓度成直线关系,所以:

$$\alpha_0 = A_反\, a\,(当\,t=0,蔗糖未转化时的旋光度) \tag{20-5}$$

$$\alpha_\infty = A_生\, a\,(当\,t \to \infty,蔗糖全部转化时的旋光度) \tag{20-6}$$

$$\alpha_t = A_反(a-x) + A_生\, x\,[t\,时刻蔗糖浓度为(a-x)时的旋光度] \tag{20-7}$$

式中,$A_反$、$A_生$ 为反应物与生成物的比例常数;a 为反应物起始浓度也是水解结束生成物的浓度;x 为 t 时生成物的浓度。

由式(20-5)、(20-6)、(20-7)得

$$\frac{a}{a-x} = \frac{\alpha_0 - \alpha_\infty}{\alpha_t - \alpha_\infty} \tag{20-8}$$

将式(20-8)代入式(20-3),则得

$$k = \frac{2.303}{t}\lg \frac{\alpha_0 - \alpha_\infty}{\alpha_t - \alpha_\infty} \tag{20-9}$$

将式(20-9)整理得

$$\lg(\alpha_t - \alpha_\infty) = -\frac{k}{2.303}t + \lg(\alpha_0 - \alpha_\infty) \tag{20-10}$$

这样只要测出蔗糖水解过程中不同时间得旋光度 α_t,以及全部水解后得旋光度 α_∞,以 $\lg(\alpha_t - \alpha_\infty)$ 对 t 作图,可由直线斜率求出速率常数 k。

如果测出不同温度时得 k 值,可利用阿伦尼乌斯公式求出反应在该温度范围内得平均活化能,即

$$\frac{\mathrm{d}\ln k}{\mathrm{d}T} = \frac{E_a}{RT^2}$$

【仪器和药品】

仪器:旋光仪及其附件(1 套),叉形反应管(2 只),恒温槽及其附件(1 套),停表(1 只),100 mL 容量瓶(1 只),25 mL 容量瓶(3 只),25 mL 胖肚移液管(1 支),25 mL 刻度移液管(1 只),50 mL 烧杯(1 只),洗瓶(1 只),洗耳球(1 个)。

药品:蔗糖(CP),盐酸(1.8 mol·L^{-1})。

【实验步骤】

用移液管吸取 20% 蔗糖溶液 25 mL 放入叉形反应管一侧,再用另一支移液管吸取 25 mL,1.8 mol·L^{-1} HCl 溶液放入叉形反应管的另一侧,将叉形反应管置于 298.2 K 的恒温槽中恒温,恒温大约 10 min 后,摇动叉形反应管,使溶液混合并同时开始计时。把溶液摇匀,用此溶液荡洗旋光管 2～3 次后,装满旋光管,擦干玻片,勿使留有气泡。由于温度已改变,故需将旋光管再置于恒温槽中恒温 10 min 左右,然后取出擦干,放入旋光仪

中。当反应进行到 15 min 时,测定旋光度(因为旋光度随时间而改变,温度在观察过程中亦在变化,所以测定时要力求动作迅速熟练)。然后将旋光管重新置于恒温槽中恒温,再按下述步骤测定不同时间的旋光度。在开始测定的第一小时内每隔 15 min 测定一次,第二、三小时内每隔 30 min 测定一次,以后可以每隔 1 h 测定一次,如此测定直至旋光度由右变左为止。另取 25 mL 20% 的蔗糖溶液和 25 mL 1.8 mol·L^{-1} HCl 溶液在 308.2 K 下进行反应速率的测定(每 5 min 读一次至 α 为负值)。

要使蔗糖完全水解,通常需 48 h 左右,为了加速实验进度,可把叉形反应管中剩余的混合液放在 323.2 K 左右的水浴中加热(温度过高会引起其他副反应)2 h 左右,使反应接近完成,然后取出使其冷却至测定温度,测定其旋光度即为 α_∞ 的数值。

【注意事项】

(1)蔗糖在配制溶液前,需先经 380 K 烘干。

(2)在进行蔗糖水解速率常数测定以前,要熟练掌握旋光仪的使用,能正确而迅速地读出其读数。

(3)旋光管管盖只要旋至不漏水即可。旋得过紧会造成损坏,或使玻片产生应力致使有一定的假旋光。

(4)旋光仪中的钠光灯不宜长时间开启,测量间隔较长时,应熄灭,以免损坏。

(5)反应速率与温度有关,故叉形反应管两侧的溶液需待恒温至实验温度后才能混合。

(6)实验结束时,应将旋光管洗净干燥,防止酸对旋光管的腐蚀。

【数据处理】

(1)将时间 t、旋光度、$\alpha_t - \alpha_\infty$、$\lg(\alpha_t - \alpha_\infty)$ 列表。

(2)以时间 t 为横坐标,$\lg(\alpha_t - \alpha_\infty)$ 为纵坐标作图,从斜率分别求出两温度时的 $k(T_1)$ 和 $k(T_2)$,并求出两温度下的反应半衰期,以及由图外推求出 $t=0$ 时的两个 α,即 α_0。

(3)从 $k(T_1)$ 和 $k(T_2)$ 利用阿伦乌斯公式求其平均活化能。

【思考题】

(1)蔗糖的转化速率常数 k 和哪些因素有关?

(2)在测量蔗糖转化速率常数时,选用长的旋光管好?还是短的旋光管好?

(3)如何根据蔗糖、葡萄糖和果糖的比旋光度数据计算 α_∞?

(4)试估计本实验的误差,怎样减少实验误差?

【讨论】

(1)测定旋光度有以下几种用途:

①检定物质的纯度。

②确定物质在溶液中的浓度或含量。

③确定溶液的密度。

④光学异构体的鉴别。

(2)蔗糖溶液与盐酸混合时,由于开始时蔗糖水解较快,若立即测定容易引入误差,所以第一次读数需待旋光管放入恒温槽后约 15 min 进行,以减少测定误差。

(3)蔗糖水解作用通常进行得很慢,但加入酸后会加速反应,其速率大小与 H^+ 浓度有关(当 H^+ 浓度较低时,水解速率常数 k 正比于 H^+ 浓度,但在 H^+ 浓度较高时 k 与 H^+ 浓度不成比例)。同一浓度的不同酸液(如 HCl、HNO_3、H_2SO_4、HAc、$ClCH_2COOH$ 等)因 H^+ 活度不同,导致蔗糖水解速率亦不一样。故由水解速率之比可求出两酸液中 H^+ 活度比,如果知道其中一个活度,那么可以求得另一个活度。

(4)该实验当[H^+]较大时反应速度常数 k 正比于 h_0,h_0 定义为

$$S(蔗糖)+H^+ \Longrightarrow SH^+$$

$$h_0 = \alpha_{H^+} + \frac{\gamma_S}{\gamma_{SH^+}}$$

式中,α_{H^+} 为氢离子的活度;γ_S 为 S 的活度系数;γ_{SH^+} 为 SH^+ 的活度系数。

利用[H^+]对 k 的影响,可以研究蔗糖水解的机理。长期以来对蔗糖水解机理有两种假设。

$$① \qquad S(蔗糖)+H^+ \xrightarrow{快} SH^+$$

$$SH^+ \xrightarrow{慢} X^+$$

$$X^+ + H_2O \xrightarrow{快} 产物 + H^+$$

$$② \qquad S(蔗糖)+H^+ \xrightarrow{快} SH^+$$

$$SH^+ + H_2O \xrightarrow{慢} 产物 + H^+$$

按照反应①即为一级反应,从理论上可以推出反应速率常数 k 正比于 h_0。

按照反应②即为假单分子反应(二级反应),从理论上可以推出反应速率常数 k 正比于 H^+ 浓度。

从实验证明①反应机理是正确的,因而蔗糖水解应为一级反应。实验教材将蔗糖水解称为假单分子反应,是按照②的反应机理解释。

(5)古根海姆(Guggenheim)曾经推出了不需测定反应终了浓度(本实验中即为 α_∞)就能够计算一级反应速率常数 k 的方法,他的出发点是因为一级反应在时间 t 与 $t + \Delta t$ 时反应的浓度 c 及 c' 可分别表示为

$$c = c_0 e^{-kt} \quad (c_0 为起始浓度)$$

$$c' = c_0 e^{-k(t + \Delta t)}$$

由此得,$\lg(c - c') = -\dfrac{kt}{2.303} + \lg[c_0(1 - e^{-k\Delta t})]$,因此如能在一定的时间间隔测得一系列数据,则因为 Δt 为定值,所以 $\lg(c - c')$ 对 t 作图,即可由直线的斜率求出 k。

这个方法的困难是必须使 Δt 为一定值,这通常不易控制,从而需从 t-c 图上求出,因而又多了一步计算手续。

实验 21　黏度的测定及应用

【实验目的及要求】

(1)掌握用奥氏黏度计测量液体黏度的方法。

(2)了解黏度的物理意义、测定原理和方法。

(3)求算乙醇的流动活化能。

【实验原理】

当流体受外力作用产生流动时,在流动着的液体层之间存在着切向的内部摩擦力。如果要使液体通过管子,必须消耗一部分功来克服这种流动的阻力。在流速低时管子中的液体沿着与管壁平行的直线方向前进,最靠近管壁的液体实际上是静止的,与管壁距离越远流动的速度也越大。

流层之间的切向力 f 与两层间的接触面积 A 和速度差 Δv 成正比,而与两层间的距离 Δx 成反比:

$$f = \eta \cdot A \frac{\Delta v}{\Delta x} \tag{21-1}$$

式中,η 是比例系数,称为液体的黏度系数,简称黏度。黏度系数的单位在国际单位制(SI)中用 Pa·S 表示。液体的黏度可以用毛细管法测定。泊肃叶(Poiseuille)得出液体流出毛细管的速度与黏度系数之间存在如下关系式:

$$\eta = \frac{\pi p r^4 t}{8VL} \tag{21-2}$$

式中,V 为在时间 t 内流过毛细管的液体体积;p 为管两端的压力差;r 为管半径;L 为管长。按式(21-2)由实验直接来测定液体的绝对黏度是困难的,但测定液体对标准液体(如水)的相对黏度是简单实用的。在已知标准液体的绝对黏度时,即可算出被测液体的绝对黏度。设两种液体在本身重力作用下分别流经同一毛细管,且流出的体积相等,则

$$\eta_1 = \frac{\pi r^4 p_1 t_1}{8VL}$$

$$\eta_2 = \frac{\pi r^4 p_2 t_2}{8VL} \tag{21-3}$$

$$\frac{\eta_1}{\eta_2} = \frac{p_1 t_1}{p_2 t_2}$$

式中,$p = hg\rho$,其中 h 为推动液体流动的液位差;ρ 为液体的密度;g 为重力加速度。若每次所取试样的体积一定,则可保持 h 在实验中的情况相同,因此可得

$$\frac{\eta_1}{\eta_2} = \frac{\rho_1 t_1}{\rho_2 t_2} \tag{21-4}$$

若已知标准液体的黏度和密度,则可得到被测液体的黏度。本实验是以纯水为标准液体,利用奥氏黏度计测定指定温度下乙醇的黏度。

测定乙醇在 25～35 ℃的黏度,按关系式 $\eta = A\exp\left(\dfrac{E^*}{RT}\right)$,取对数 $\ln\eta\,\dfrac{E^*}{RT}+B$ 处理数据,求乙醇的流动活化能 E^*(流体流动时必须克服的能垒)。

【仪器和药品】

仪器:恒温槽(1 套),奥氏黏度计(1 支)(图 21-1),移液管(5 mL,2 支),洗耳球(1 个),秒表(1 块)。

药品:无水乙醇,去离子水。

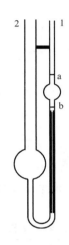

图 21-1　奥氏黏度计

【实验步骤】

(1)开启恒温槽调节控温至 25 ℃,搅拌速度适中。

(2)将乳胶管接到黏度计 1 管上。将铁架台上的十字头和烧瓶夹抬高一定高度。先将黏度计 2 管套上橡皮垫(橡皮垫的开口方向对着 1 管),再将黏度计 2 管由烧瓶夹下面插入,旋转烧瓶夹螺丝将黏度计固定。松开铁架台上十字头的螺丝,将黏度计侵入恒温槽水里再调节黏度计垂直和水面高度,使水面高出黏度计上刻度线(a 线)2 cm 以上(注意:黏度计始终保持垂直)。

(3)用移液管准确量取 5 mL 去离子水移入黏度计中,恒温 5 min 后测其流出时间:一手捏瘪洗耳球,另一只手把住乳胶管头部,将洗耳球插在乳胶管上慢慢松开洗耳球,将待测液体吸到上刻度线 2 cm 时捏住乳胶管头部,拔出洗耳球,松开乳胶管,待测液体的液面缓缓下降,用秒表记录 a 到 b 的流出时间,测 3 次,取 3 次误差不超过 0.3 s,计算平均值。

(4)将水浴温度再提高 2 ℃,重复步骤(3)的操作。每隔 2 ℃测得一组数据,共测 5 组。

(5)取出黏度计,将恒温槽里的水全部移出,再重新加入凉水,再次调至 25 ℃。将黏度计里的水倒掉,再用待测液乙醇润冲两遍(毛细管要用洗耳球抽吸润冲),甩干后再加入

5 mL 无水乙醇,按着步骤(1)~(4)测出乙醇在对应温度下的流出时间。

【注意事项】

(1)实验过程中,恒温槽的温度要保持恒定。加入样品后待恒温才能进行测定,因为液体的黏度与温度有关,一般温度变化不超过±0.1 ℃。

(2)黏度计要垂直浸入恒温槽中,实验中不要振动黏度计,因为倾斜会造成液位差变化,引起测量误差,同时会使液体流经时间 t 变大。

(3)黏度计必须洁净。

(4)每次测定过程中,黏度计里的样品的体积要相同,所以用洗耳球往上吸液体时注意不要把液体吸到乳胶管里。

【数据处理】

(1)列出实验数据记录表,并将实验数据记录在表 21-1 中。

(2)计算乙醇在不同温度下的黏度 $\eta_{乙醇}$。

(3)作 $\ln\eta_{乙醇} - \dfrac{1}{T}$ 图,由图计算乙醇的流动活化能 E^*。

【思考题】

(1)影响毛细管法测定黏度的因素是什么?

(2)为什么黏度计要垂直地置于恒温槽中?

(3)为什么用奥氏黏度计时,加入标准物和被测物的体积要相同?为什么测定黏度时要保持温度恒定?

表 21-1　液体黏度测定数据表

温度 $t/℃$	温度 T/K	$\dfrac{1}{T}/$ (10^{-3}K)	$t_水/s$	$t_{乙醇}/s$	$\rho_水/$ $(10^3\text{kg}\cdot\text{m}^{-3})$	$\rho_{乙醇}/$ $(10^3\text{kg}\cdot\text{m}^{-3})$	$\eta_水/$ $(10^{-3}\text{Pa}\cdot\text{s})$	$\eta_{乙醇}/$ $(10^{-3}\text{Pa}\cdot\text{s})$	$\ln\eta_{乙醇}$
25					0.997 01	0.785 06	0.893 7		
27					0.996 41	0.783 34	0.854 5		
29					0.995 92	0.781 64	0.818 0		
31					0.995 92	0.779 88	0.784 0		
33					0.994 63	0.778 15	0.752 3		
35					0.993 94	0.776 14	0.722 5		

【讨论】

(1)用乌氏黏度计可以测定高聚物的分子量。高聚物多是摩尔质量大小不同的大分子混合物,所以通常所测高聚物摩尔质量是一个统计平均值。用该法测得的摩尔质量称为黏均摩尔质量。

黏度法测高聚物溶液摩尔质量时,常用名词的物理意义是:η_0 为纯溶剂的黏度;η 为溶液的黏度;η_r 为相对黏度,$\eta_r = \eta/\eta_0$,溶液黏度对溶剂黏度的相对值;η_{sp} 增比黏度,$\eta_{sp} = (\eta - \eta_0)/\eta_0 = \eta/\eta_0 - 1 = \eta_r - 1$;$\eta_{sp}/c$ 为比浓黏度;$[\eta]$ 为特性黏度,$[\eta] = \lim\limits_{c \to 0} \dfrac{\eta_{sp}}{c}$。

在足够稀的高聚物溶液里,η_{sp}/c 与 c 和 $\ln\eta_r/c$ 与 c 之间分别符合下述经验公式:

$$\frac{\eta_{sp}}{c}=[\eta]+\kappa[\eta]^2c \qquad (21\text{-}5)$$

$$\frac{\ln\eta_r}{c}=[\eta]+\beta[\eta]^2c \qquad (21\text{-}6)$$

式中,κ 和 β 分别称为 Huggins 和 Kramer 常数。这是两个直线方程,因此我们获得$[\eta]$的方法如图 21-2 所示。一种方法是以 η_{sp}/c 对 c 作图,外推到 $c\rightarrow0$ 的截距值;另一种是以 $\ln\eta_r/c$ 对 c 作图,也外推到 $c\rightarrow0$ 的截距值,两条线应会合于一点。

在一定温度和溶剂条件下,特性黏度$[\eta]$和高聚物摩尔质量 $\overline{M}$ 之间的关系通常用带有两个参数的 Hark-Houwink 经验公式来表示:

$$[\eta]=K\,\overline{M}^a \qquad (21\text{-}7)$$

式中,$\overline{M}$ 为黏均摩尔质量;K 为比例常数;α 是与分子形状有关的经验参数。K 和 α 值与温度、高聚物、溶剂性质有关,也和摩尔质量大小有关。K 值受温度的影响较明显,而 α 值主要取决于高聚物分子线团在某温度下,某溶剂中舒展的程度,其数值为 0.5~1。K 和 α 的数值可通过其他绝对方法测定,例如渗透压法、光散射法等,由黏度法只能测定$[\eta]$。

可以看出高聚物摩尔质量的测定最后归结为特性黏度$[\eta]$的测定。实验采用毛细管法测定黏度,通过测定一定体积的液体流经一定长度和半径的毛细管所需时间而获得。而使用的乌氏黏度计如图 21-3 所示,当液体在重力作用下流经毛细管时,其流动遵守泊肃叶(Poiseuille)定律:

$$\frac{\eta}{\rho}=\frac{\pi h g r^4}{8VL}-m\frac{V}{8\pi Lt} \qquad (21\text{-}8)$$

式中,η 为液体的黏度;ρ 为液体的密度;L 为毛细管的长度;r 为毛细管的半径;t 为 V 体积液体的流出时间;h 为流过毛细管液体的平均液柱高度;V 为流经毛细管的液体体积;m 为毛细管末端校正的参数(一般在 $r/L\ll1$ 时,可以取 $m=1$)。

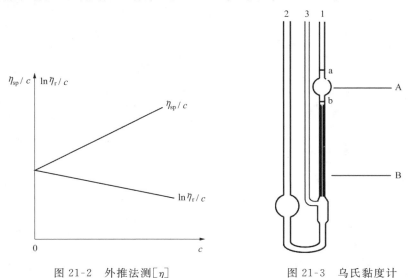

图 21-2　外推法测$[\eta]$　　　　　　图 21-3　乌氏黏度计

对于某一支指定的黏度计而言,式(21-8)中许多参数是一定的,因此可以改写成

$$\frac{\eta}{\rho} = A \cdot t - \frac{B}{t} \tag{21-9}$$

式中，$B<1$，当流出的时间 t 在 2 min 左右（大于 100 s）时，该项（亦称动能校正项）可以忽略，即 $\eta = A \cdot t \cdot \rho$。

又因为通常测定是在稀溶液中进行（$c<1\times10^{-2}$ g·mL^{-1}），溶液的密度和溶剂的密度近似相等，因此可将 η_r 写成

$$\eta_r = \frac{\eta}{\eta_0} = \frac{t}{t_0} \tag{21-10}$$

式中，t 为测定溶液黏度时液面从 a 刻度流至 b 刻度的时间；t_0 为纯溶剂流过的时间。所以通过测定溶剂和溶液在毛细管中的流出时间，从式（21-10）求得 η_r，再由图 21-2 求得 $[\eta]$。

实验 22 溶液表面张力及分子横截面积测定

【实验目的及要求】
(1)掌握用最大气泡压力法测定溶液表面张力的原理及方法。
(2)了解吉布斯方程在溶液表面吸附实验中的应用。
(3)了解溶液表面吸附分子的横截面积的测量方法。

【实验原理】
(1)表面张力 σ 与溶液表面的过剩物质的量 Γ

分子间存在相互作用力,作用力大小与其环境有关。如图 22-1 所示,在液体内部,分子在各个方向上所受的作用力相互抵消,分子受到的合力为零,在液体表面(气/液界面)上,由于气体分子对液体表面分子的吸引力较小,表面分子所受的合力是垂直指向液体内部的,致使表面的分子总要向液体内部钻,宏观上表现为液体具有自动收缩的倾向,这种作用力称为表面张力,用 σ 表示。

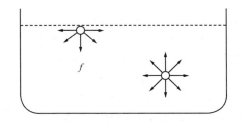

图 22-1 液体内部分子和表面分子的受力情况

溶质会影响溶液的表面张力,通常分三种情况:
①溶质浓度增加增大溶液的表面张力,如水中加无机酸、碱、盐等。
②溶质浓度增加减小溶液的表面张力,如水中加有机酸、醇、酯、醚、酮等。
③少量溶质即可使溶液的表面张力急剧减小,当达到一定临界浓度时,溶液的表面张力几乎不变,如水中加肥皂、合成洗涤剂等。

溶质在界面层中比体相中相对浓集或贫乏的现象称为溶液界面上的吸附,前者叫作正吸附,后者叫作负吸附。根据能量最低原则,能降低溶液表面张力的物质,其在界面相的浓度必然大于在体相的浓度,否则反之。在一定的温度和压力下,定量地描述这一规律的方程是吉布斯等温吸附方程:

$$\Gamma = -\frac{c}{RT}\left(\frac{d\sigma}{dc}\right)_T \tag{22-1}$$

式中,Γ 为表面过剩物质的量,$mol \cdot m^{-2}$;c 为吸附达到平衡时溶质在介质中的浓度,$mol \cdot L^{-1}$。对某些溶液,如电解质溶液,式中的浓度 c 要用活度 α 代替。

当 $\left(\frac{d\sigma}{dc}\right)_T < 0$,$\Gamma > 0$ 时,即为正吸附,相反则为负吸附。本实验水的表面张力大于乙醇的表面张力,故乙醇水溶液的表面为正吸附。通过配制不同浓度乙醇水溶液 c 下测量其 σ,可得到 σ-c 曲线,微分法即可得到 $\left(\frac{d\sigma}{dc}\right)_T$,根据式(22-1)可计算得到表面过剩物质的量 Γ。

(2)饱和表面过剩物质的量与吸附分子的横截面积

在一定温度下,若溶质在溶液表面是单分子层吸附,则表面过剩物质的量 Γ 与溶液浓度 c 之间的关系可由朗缪尔吸附等温式表示:

$$\Gamma = \Gamma_\infty \frac{Kc}{1+Kc} \tag{22-2}$$

式中,Γ_∞ 为饱和表面过剩物质的量;K 为经验常数,与溶质性质有关。

将式(22-2)变形可得

$$\frac{c}{\Gamma} = \frac{c}{\Gamma_\infty} + \frac{1}{K\Gamma_\infty} \tag{22-3}$$

若以 c/Γ 对 c 作图可得一直线,由直线斜率即可求得 Γ_∞。溶质分子的横截面积 S 为

$$S = \frac{1}{L\Gamma_\infty} \tag{22-4}$$

式中,L 为阿伏伽德罗常数。

(3)最大气泡压力法测定液体的表面张力原理

从浸入液面下的毛细管端鼓出空气泡时,需要高于外部大气压的附加压力以克服气泡的表面张力,此附加压力与表面张力成正比,与气泡的曲率半径成反比,其关系式为

$$\Delta p = 2\sigma/R \tag{22-5}$$

式中,Δp 为附加压力;σ 为表面张力;R 为气泡的曲率半径。

如果毛细管半径很小,那么形成的气泡基本上是球形的。当气泡开始形成时,表面几乎是平的,这时曲率半径最大;随着气泡的形成,曲率半径逐渐变小,直到形成半球形,这时曲率半径 R 与毛细管半径 r 相等,曲率半径达最小值,根据式(22-5),这时附加压力达最大值。气泡进一步长大,R 变大,附加压力则变小,直到气泡逸出。

按照式(22-5),$R = r$ 时的最大附加压力为

$$\Delta p_m = 2\sigma/r$$

或

$$\sigma = \frac{\Delta p_m r}{2} \tag{22-6}$$

实际测量时,使毛细管端与液面相切,则可忽略鼓泡所需克服的静压力,这样就可以直接用式(22-6)进行计算。

【仪器和药品】

仪器:DMPY-2C 型最大气泡测定表面张力教学实验仪,恒温槽,滴液漏斗,磨口瓶,

烧杯。

药品:无水乙醇。

【实验步骤】

(1)调节恒温槽至设定温度。

(2)测定去离子水的表面张力 σ_s:打开表面张力仪,在系统压力为大气压时按"置零"按钮将表面张力仪读数置零。将表面张力管、滴液漏斗及磨口瓶按图 22-2 连接好。在表面张力管中加入适量水使液面高于毛细管口,调节放水阀使水面恰好与毛细管口相切。在滴液漏斗中加入 2/3 体积的水,通过调节滴液漏斗中水的滴加速度控制毛细管口鼓泡速度,使毛细管口的气泡一个一个冒出,用秒表测量相邻两个气泡的出泡时间间隔为 3~5 s,读取张力仪上的最大值就是 Δp_m。关闭滴液漏斗下面的放水阀,等待 1 min 后再次打开并调节鼓泡速度与上次基本相同,记录 Δp_m。测 3~5 次,取 3 个相近的数据计算其平均值(3 个数据点的间隔不超过 3 Pa,此为一组数据。取三组数据的平均值为所测量 Δp_m)。填入表 22-1 中。

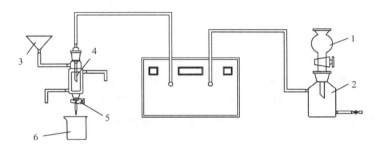

1—滴液漏斗;2—磨口瓶;3—漏斗;4—表面张力管;5—放水阀;6—烧杯

图 22-2　最大气泡压力法测定液体表面张力装置图

(3)测定不同浓度乙醇水溶液的表面张力:用 50 mL 容量瓶分别加入 0.5 mL、1.0 mL、1.5 mL、2.0 mL、2.5 mL 无水乙醇,配制不同浓度的乙醇水溶液,按浓度由小到大顺序分别测定 Δp_m。测定前先用待测液润冲表面张力管和毛细管 2~3 次,按照步骤(2)的方法测定。

【注意事项】

(1)实验仪上显示的是系统压与形成最大气泡的压力的差值,当在系统压力为大气压时置零,所显示的就是最大气泡压力,所以,一定要在系统压力处于大气压时置零。

(2)所谓最大气泡是指在毛细管端口形成的气泡的半径 R 等于毛细管半径 r 时的气泡,所以出泡时间不能太快。两个气泡形成的时间间隔在 3~5 s 较合适。

为了降低系统误差,对同一浓度的样品在一定温度下要反复测定 3~5 次,取平均值。

【数据处理】

(1)从附表 8-15 中查出纯水的表面张力;用式(22-6)计算出毛细管半径 r 及不同浓度乙醇水溶液的表面张力 σ。

（2）用 Origin 或 Excel 软件求取 σ-c 曲线上每个浓度下的斜率，即 $\left(\dfrac{\mathrm{d}\sigma}{\mathrm{d}c}\right)_T$。

（3）用式（22-1）计算各浓度乙醇溶液的表面过剩物质的量 Γ。

（4）用 Origin 或 Excel 软件作 c/Γ-c 图，由直线的斜率求出 Γ_∞。

（5）用式（22-4）计算吸附乙醇分子的横截面积 S。

（6）打印图形和计算结果。

表 22-1   溶液表面张力测定数据表

乙醇浓度 c/ (mol·L^{-1})	Δp_{m1}	Δp_{m2}	Δp_{m3}	$\Delta p_{m平均}$	表面张力 σ
0.00					
0.17					
0.34					
0.51					
0.68					
0.85					

【思考题】

（1）哪些溶质能在溶液表面发生正吸附，哪些溶质能在溶液表面发生负吸附？

（2）溶液表面吸附法测定吸附分子的横截面积对溶液的浓度有何限制？

（3）用最大气泡压力法测定液体的表面张力对鼓泡速度有什么要求？连续鼓泡产生哪些不利影响？

【讨论】

（1）本实验采用单管式表面张力测定仪，单管是指只有一支毛细管，若其深入液面下的高度为 h，则生成的气泡受到大气压和待测液体的静压强 $\rho g h$，若能准确测定 h，可由 $2\sigma/r_1 = p_0 - (p_1 + \rho_0 g h)$ 来测定 σ，但若使毛细管与液面相切，即 $h=0$，就可消除 $\rho g h$ 项。但每次测定不可能都使 $h=0$，所以单管式表面张力测定仪会引入一定的误差。该实验也有使用双管式表面张力测定仪，因为粗、细两根毛细管插入液面下的深度相同，所以测量的准确度较单毛细管要高。但对粗、细两根毛细管的管径有一定的要求。

（2）测定液体表面张力除了最大气泡压力法外，还有毛细管上升法、滴重法、落球法及扭称法等。

实验 23 胶体的制备及电泳速率的测定

【实验目的及要求】

(1)掌握 $Fe(OH)_3$ 胶体的制备方法和纯化方法。

(2)观察胶体的电泳现象并了解其电学性质。

(3)掌握电泳法测定胶粒电泳速率和胶体电动电势(ζ 电势)的方法。

(4)了解胶体的光学性质及不同电解质对胶体的聚沉作用。

【实验原理】

胶体是一个多相分散系统,胶粒(分散相)大小为 $1\sim1\,000$ nm,是热力学不稳定系统。

胶体的制备方法可分为分散法和凝聚法。分散法是用适当的方法把较大的物质颗粒变为胶体大小的质点;凝聚法是先制成难溶物分子(或离子)的过饱和溶液,再使之相互结合成胶体粒子而得到的胶体。$Fe(OH)_3$ 胶体的制备就是采用的凝聚法,即通过化学反应使生成物呈过饱和状态,然后粒子再结合成胶体。

新制的胶体中常有杂质存在而影响其稳定性,因此必须纯化。常用的纯化方法是半透膜渗析法。半透膜的特点是其孔径只允许电解质离子及小分子透过,而胶粒不能透过。提高渗析温度或搅拌渗析液,均可提高渗析效率。

固体粒子由于自身电离或选择性吸附某种离子及其他原因而带电,带电的固体粒子称为胶核。在胶核周围的分散介质中分布着与胶核电性相反、电荷量相等的反离子。部分反离子由于静电引力紧密吸附在胶核表面,形成紧密层;剩余的反离子由于热运动,分布于紧密层外至溶液本体的扩散层中。扩散层的厚度随外界条件(温度、系统中电解质浓度及离子价态)而改变。由于离子的溶剂化作用,紧密层结合有一定量的溶剂分子,在外加电场作用下,紧密层与胶核作为一个整体(胶粒)移动,扩散层中的反离子向相反电极方向移动。这种分散相粒子在电场作用下相对于分散介质的运动称为电泳。带电的胶粒与带有反离子的扩散层发生相对移动的分界面称为滑移界面。滑移界面与液体内部的电势差称为电动电势(ζ 电势)。

电动电势是描述胶体特性的重要物理量。其数值决定于胶粒性质、介质黏度和胶体浓度等,ζ 电势的大小直接影响胶粒在电场中的移动速率。

热力学不稳定的胶体可以稳定存在,其原因是胶体表面带有电荷及胶粒表面溶剂化层的存在。胶体的稳定性与 ζ 电势有重要关系。ζ 电势的绝对值越大,胶粒之间的排斥力就越大,胶体就越稳定。加入电解质会破坏胶体的稳定性,引起其聚沉。不同电解质的聚沉能力的大小通常用聚沉值来表示,即使胶体发生聚沉时所需电解质的最小浓度值,单位为 $mmol \cdot L^{-3}$。起聚沉作用的主要是与胶粒电性相反的反离子,一般电解质的聚沉值与反离子的 6 次方成反比。

本实验通过测定一定外加电场强度下胶粒的电泳速率的方法计算胶粒的 ζ 电势。采用界面移动法测胶粒的电泳速率。

如图 23-1 所示为拉比诺维奇-付其曼 U 形电泳仪。在电泳仪的两极施加电势差 E 后,在时间 t 内,若胶体界面移动的距离为 d,则胶粒的电泳速率 v 为

$$v = \frac{d}{t} \tag{23-1}$$

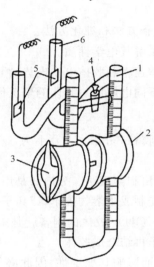

1—U 形管;2、3、4—旋塞;5—电极;6—弯管

图 23-1　拉比诺维奇-付其曼 U 形电泳仪

若两电极极板经过液体通道的长度为 l,则在两极间的液体的电导率相同时,电极间的平均场强为

$$H = \frac{E}{l} \tag{23-2}$$

胶粒表面(胶粒滑动面)的 ζ 电势可按下式求得

$$\zeta = \frac{k\pi\eta}{\varepsilon_r H} \times v \tag{23-3}$$

式中,k 为与胶粒形状有关的常数(对球形粒子,$k = 5.4 \times 10^{10} \ V^2 \cdot s^2 \cdot kg^{-1} \cdot m^{-1}$;对棒形粒子,$k = 3.6 \times 10^{10} \ V^2 \cdot s^2 \cdot kg^{-1} \cdot m^{-1}$),本实验中 $Fe(OH)_3$ 胶粒为棒形;η 为 $Fe(OH)_3$ 胶体的介质的黏度,$Pa \cdot s$;ε_r 为介质的相对介电常数(本实验介质为水),可查表得到实验温度下的 ε_r。

【仪器和药品】

仪器:直流稳压电源,电导率仪,电泳仪,铂电极,锥形瓶,烧杯,试管。

药品：三氯化铁（AR），棉胶液，去离子水。

【实验步骤】

（1）半透膜的制备

用量筒取 18 mL 棉胶液倒入洁净干燥的 250 mL 锥形瓶内。轻轻转动锥形瓶，使内壁均匀铺展一薄层，多余棉胶液倒回原瓶重新利用，将锥形瓶倒置于铁圈上（下面放一小烧杯）。待溶剂挥发完，在瓶口部剥开薄膜，用去离子水注入胶膜与瓶壁之间，使胶膜与瓶壁分离，将其从瓶中取出，注入去离子水检查是否有漏洞，若无漏洞，则浸入去离子水中待用。

（2）胶体制备

取电暖壶中 200 mL 热水（去离子水、已近沸腾）至 400 mL 烧杯中，盖上表面皿置于电炉上加热至沸腾。将 0.5 g 无水 $FeCl_3$ 溶于 20 mL 去离子水中，在中速搅拌下将 $FeCl_3$ 溶液滴入沸水中，控制在 4～5 min 内滴完，滴加完毕后停止搅拌继续沸腾 1～2 min。

（3）胶体纯化

待制好的胶体冷却至 70 ℃ 左右，取约 150 mL 注入刚制好的半透膜中。用 60～70 ℃ 的去离子水进行渗析，每 10 min 换水一次，渗析 5 次。用滴管取适量胶体放入试管，用冷水冲洗试管至室温，测其电导率（应在 $0.6×10^3$ $\mu S \cdot cm^{-1}$ 以下）。如溶液电导率高于此值，继续渗析，直至满足要求。达到要求后，用冷去离子水渗析 5 min。测量胶体的电导率及温度并记录。

（4）辅助溶液的制备

用 0.1 $mol \cdot L^{-1}$ KCl 溶液和去离子水配制与胶体电导率相同的辅助液。注意：辅助液的温度和电导率要尽量与胶体接近，否则界面溶液模糊。

（5）测定电泳速率

①三个旋塞均涂好凡士林。

②用少量渗析好的 $Fe(OH)_3$ 胶体润洗电泳仪 1～2 次，然后注入 $Fe(OH)_3$ 胶体直至胶体高出大旋塞少许，关闭该两旋塞，倒掉多余的胶体。

③用去离子水把电泳仪大旋塞以上的部分荡洗干净后，在两管内注入辅助液，以使两电极可以完全浸没，并把电泳仪固定到支架上。

④将两铂电极插入支管内并连接电源，开启小旋塞使管内辅助液液面等高，然后关闭小旋塞，缓缓开启大旋塞（勿使胶体面搅动）。打开稳压电源，将电压调至 150 V，观察胶体界面移动现象及电极表面现象。记录每 10 min 内界面移动的距离，共记录 30 min。若在电泳开始时界面有轻微模糊或者由于电泳原因起始读数不能准确，需等到界面平稳，可以准确读数时开始计时。

【注意事项】

（1）锥形瓶必须洁净干燥，制备半透膜时注意将棉胶液均匀涂抹在锥形瓶内壁，取半透膜时一定要小心，不要将半透膜弄破。

（2）胶体纯化时需要搅拌渗析液，注意不要将半透膜弄破。纯化过程中去离子水的量越多越好，温度越高越好，但不要超过 70 ℃。

(3)胶体纯化效果越好,辅助液与胶体的分界面越明显,电泳现象越容易观察。

【数据处理】

按式(23-3)求出 ζ 电势,其中 v 为电泳速率(m·s^{-1}),由式(23-1)计算;H 为两电极的平均场强(V·m^{-1}),由式(23-2)计算,注意 l 为两电极间液体通道的距离,需用绳索和直尺测量(不是两极间的水平距离)。

【思考题】

(1)胶体粒子的电泳速率与哪些因素有关?

(2)选择和配置辅助液有何要求?为什么?

(3)若改变外加电压,胶体的电动电势是否变化?为什么?

(4)胶体粒子做热运动时发生碰撞,是否发生聚沉?为什么?

【讨论】

(1)电泳的实验方法有多种。本实验方法为界面移动法,适用于胶体或大分子溶液与分散介质形成的界面在电场作用下移动速率的测定。此外还有显微镜电泳法和区域电泳法。显微镜电泳法用显微镜直接观察质点电泳的速率,要求研究对象即胶粒必须在显微镜下能明显观察到,该法简便、快速、试样用量少,可在质点本身所处的环境下测定,适用于粗颗粒的悬浮体和乳状液。区域电泳法是以惰性而均匀的固体或凝胶作为被测试样的载体进行电泳,以达到分离与分析电泳速率不同的各组分的目的,该法简便易行,分离效率高,试样用量少,还可避免对流的影响,现已成为分离与分析蛋白质的基本方法。

(2)电泳技术是一种发展较快、技术较新的实验手段。它不仅用于理论研究,还有广泛的实际应用,如陶瓷工业的黏土精选、电泳涂漆、电泳镀橡胶、生物化学和临床医学上的蛋白质及病毒的分离等。

(3)若实验用辅助液的电导率 κ_0 与胶体的电导率 κ 数值相差很大,则在整个电泳管内的电势降是不均匀的。此时电极间的平均场强 H 按下式求得:

$$H=\frac{E}{\frac{\kappa}{\kappa_0}(l-l_\kappa)+l_\kappa}$$

式中,l_κ 为胶体两界面间的距离。

实验 24 原电池电动势的测定及应用

【实验目的及要求】

(1)了解对峙法测量电动势的原理与方法,学会使用数字式电子电位差计。

(2)学会可逆电池电动势温度系数的测量方法。

(3)掌握电动势法测量电解质溶液 pH 的原理,测定电解质溶液的 pH。

(4)掌握电动势法测量化学反应的热力学函数[变]。

【实验原理】

(1)可逆电池的电动势及其温度系数

原电池的电动势定义为在没有电流通过的条件下,原电池两极的金属引线为同种金属时电池两端的电势差。原电池的电动势用符号 E_{MF} 表示,即

$$E_{MF} = [E_+ - E_-]_{I \to 0}$$

可逆电池的电动势 E_{MF} 可表示为温度的多项式,即

$$E_{MF} = a_0 + a_1 t + a_2 t^2 \tag{24-1}$$

将式(24-1)对温度微分得

$$\frac{\partial E_{MF}}{\partial t} = a_1 + 2a_2 t \tag{24-2}$$

式(24-2)称为电动势的温度系数。实验至少测量两个温度下的电动势,才可以求出温度系数,本实验测 25 ℃、28 ℃、31 ℃、35 ℃四个温度下的电动势。

(2)电动势法测量电解质溶液的 pH

利用氢离子指示电极与参比电极组成原电池,通过测量原电池电动势即可计算溶液的 pH。本实验用醌氢醌电极 $E(Q/QH_2)$ 作为指示电极[Q 和 QH_2 分别代表 $C_6H_4O_2$ 和 $C_6H_4(OH)_2$,$Q \cdot QH_2$ 代表二者形成的复合物],与饱和甘汞电极构成如下原电池:

$$Hg \mid Hg_2Cl_2(s) \mid KCl(饱和水溶液) \vdots H^+(a_1) \mid Q \cdot QH_2 \mid Pt$$

对应的电极反应为

$$Q + 2H^+(a_1) + 2e^- \longrightarrow QH_2$$

电极反应能斯特方程为

$$E(Q/QH_2) = E^{\ominus}(Q/QH_2) - \frac{RT}{2F} \ln \frac{a(QH_2)}{a(Q)a^2(H^+)} \tag{24-3}$$

取 $a(Q) \approx a(QH_2)$,$T = 298.15$ K,则

$$E(Q/QH_2) = E^{\ominus}(Q/QH_2) - 0.059\,2 \text{ V pH} \tag{24-4}$$

醌氢醌电极的标准电极电势是温度的函数:

$$E^{\ominus}(Q/QH_2) = 0.699\,5 - 0.735\,9 \times 10^{-3} (t - 25) \text{ V} \tag{24-5}$$

饱和甘汞电极的电极电势也是温度的函数：

$$E_{饱和甘汞}=0.241\,5-0.735\,9\times10^{-3}(t-25)\,\text{V} \tag{24-6}$$

所以由醌氢醌电极和饱和甘汞电极构成的原电池的电动势为

$$E_{MF}=E(Q/QH_2)-E_{饱和甘汞}[E^{\ominus}(Q/QH_2)-E_{饱和甘汞}]-0.059\,2\,\text{V pH} \tag{24-7}$$

故

$$\text{pH}=\frac{E^{\ominus}(Q/QH_2)-E_{饱和甘示}-E_{MF}}{0.059\,2\,\text{V}}\,(只适用于\,298.15\,\text{K}) \tag{24-8}$$

（3）电动势法测量化学反应的热力学函数［变］

可逆电池电动势是衡量可逆电池对环境做最大非体积功$-W$的能力，即

$$\Delta_r G_m=-zFE_{MF} \tag{24-9}$$

理论上只要测得了电池电动势的温度系数，即可计算出电池反应热力学函数［变］：

$$\Delta_r S_m=zF\left(\frac{\partial E_{MF}}{\partial T}\right) \tag{24-10}$$

$$\Delta_r H_m=-zFE_{MF}+zFT\left(\frac{\partial E_{MF}}{\partial T}\right) \tag{24-11}$$

（4）对峙法测定原电池电动势的原理

①对峙法原理图：测量原电池电动势不能使用伏特计，因为电池与伏特计相连接后，有电流通过测量回路和电极，除引起电极极化外，还会引起电势降，影响测量的准确性。测量电池电动势一般使用高阻直流电位差计，对峙法测定电池电动势原理图如图 24-1 所示。图 24-1 中 E_w、E_N 及 E_x 分别为工作电池、标准电池和待测电池。AB 为标准电阻，R 为可调电阻，G 为检流计，K_1、K_2 为开关，X 和 N 是标准电阻上两个可调接点。图 24-1 中有三个电回路：由 $E_w-A-B-R-E_w$ 构成的对峙用工作回路；由 $A-E_N-K_1-K_2-G-N-A$ 构成的标准化回路和由 $A-E_x-K_1-K_2-G-X-A$ 构成的测量回路。

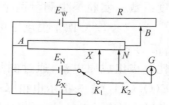

图 24-1　对峙法测定电池电动势原理图

②电位差计工作电流的标准化：惠斯登饱和式标准电池（镉汞标准电池）其温度和电动势关系为：

$$E_t=E_0-4.06\times10^{-5}\,\text{V}(t-20)-9.5\times10^{-7}\,\text{V}(t-20)^2 \tag{24-12}$$

计算某温度下的电动势，按其量值在标准电阻 AB 上固定好 N 的位置；将开关 K_1 指向标准电池，合上开关 K_2，调节可调电阻 R 使检流计 G 的指针为零。在此，标准电池的作用是校准电位差计的工作电流。

③待测电池电动势 E_x 的测量：将转换开关 K_1 指向待测电池 E_x，瞬时按下开关 K_2，同时观察检流计指针的偏转，适当调整标准电阻上 X 的位置，使检流计 G 的指针为零。

此时,待测电池的正极与标准电阻的 A 点等电势,而待测电池的负极与标准电阻的 X 点等电势。即流经电位差计的电流在电位差计上 AX 之间的电势降 E_{AX} 正好等于待测电池的电动势 E_X,E_X 与 E_{AX} 发生对峙。此时 X 所指的数值即等于待测电池的电动势 E_X。

【仪器和药品】

仪器:EM-3C 数字式电子电位差计,SU-125 型精密电压基准(标准电池),铂电极,饱和甘汞电极,盐桥,超级恒温水浴,带恒温套的电解池,电极架。

药品:0.1 mol·L⁻¹ HCl 溶液,饱和 KCl 溶液,醌氢醌。

【实验步骤】

(1)打开超级恒温水浴电源,调节超级恒温水浴至 25 ℃。打开"循环"功能开关,检查循环水是否通畅。

(2)用小烧杯量取 20 mL 0.1 mol·L⁻¹ HCl 溶液,加入一小勺醌氢醌搅拌配制成饱和溶液,再将该饱和溶液及醌氢醌固体全部置于电池槽中(超过电池槽 2/3 体积左右);电池另一端加入 20 mL 饱和 KCl 溶液。按照图 24-2 将铂电极、饱和甘汞电极、盐桥等组装好。注意铂电极的电极头极易折断,请放置到电极架上使用。

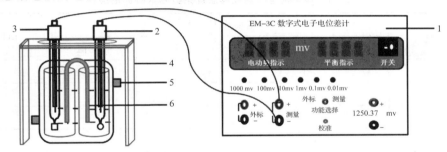

1—EM-3C 数字式电子电位差计;2—饱和甘汞电极;3—铂电极;4—电极架;5—循环水;6—盐桥

图 24-2   原电池测试装置简图

(3)打开 EM-3C 数字式电子电位差计,预热 10 min。

(4)校准电位差计。

校准零点:功能选择至"外标"位置,"外标"接口连接对应颜色电极线,短接,调节电动势旋钮至"电动势指示"为零,按"校准"按钮,"平衡指示"为零。

电位差计外校准:将标准电池连接到电位差计的"外标"接口,此时功能选择在"外标"挡位,调节电动势旋钮至"电动势指示"为标准电池的电动势的数值(该数值标在标准电池上),按"校准"按钮至"平衡指示"为零。

(5)测量:按照式(24-7)估算待测原电池的电动势(可用 H^+ 浓度代替活度)后,将待测电池连接到"测量"位置(注意正、负极不要接反了)。调节功能选择至"测量"挡位后,将"电动势指示"值调节为估算的电池电动势值,此时"平衡指示"若不为零,需微调电动势旋钮至"平衡指示"为零,此时"电动势指示"的值即此时待测电池的电动势。将功能选择调至"外标"挡位,等待 3～5 min 后进行第二次测量。共测量五次,测量数据的误差不超过 ±0.2 mV,计算平均值作为待测电池的电动势值。注意开始时系统温度往往不稳定,需等读数误差符合要求时再进行下一组温度的测试。

（6）将超级恒温水浴温度调到 28 ℃、31 ℃和 34 ℃，测其对应下的电动势。

（7）实验结束后，废液应回收到指定容器，小心清洗电池槽及铂电极，盖好甘汞电极保护帽。

【注意事项】

（1）连接线路时，正、负极切勿接反。

（2）制作待测电池时一定要将电极和盐桥用去离子水冲洗并擦干。

（3）盐酸中加入的醌氢醌的量不能太少，要使其在测定的温度范围内都能达到饱和。

【数据处理】

（1）用 Microsoft Excel 软件拟合 $E_{MF} = f(t)$ 的方程并填入表 24-1 中。

（2）给出电动势的温度系数的表达式。

（3）用式（24-8）计算 HCl 的 pH。

（4）计算电池反应在各温度下热力学函数［变］$\Delta_r G_m$、$\Delta_r S_m$、$\Delta_r H_m$。

表 24-1　原电池电动势及其温度系数测量数据记录表

t /℃	电动势 E_{MF}/V				pH
	1	2	3	平均值	
$t_1 =$					
$t_2 =$					
$t_3 =$					
$t_4 =$					
$E_{MF} = f(t)$					
R^2		$\left(\dfrac{\partial E}{\partial t}\right)_p$			

【思考题】

（1）盐桥为什么能基本消除液体接界电势？

（2）实验中如果 KCl 溶液未饱和，对测量结果有什么影响？

（3）式（24-8）只适用于计算 298.15 K 时的 pH，其余温度的 pH 如何计算？

【讨论】

（1）盐桥的制备

为了消除液体接界电势，必须使用盐桥。其制备方法是以琼脂∶KCl∶H_2O = 1.5∶20∶50（质量比）的比例加入锥形瓶中，于热水浴中加热溶解，然后用滴管将其灌入干净的 U 形管中，注意整个管中不能有气泡，冷却后备用。

一般盐桥溶液用于正、负离子迁移数都接近于 0.5 的饱和盐溶液，如饱和 KCl 溶液、饱和 NH_4NO_3 溶液等。当饱和盐溶液与另一种稀溶液相接界时，主要是离子由盐桥向稀溶液扩散，从而减小了液体接界电势。注意盐桥溶液不能与电解液发生反应。如果电池

中使用 $AgNO_3$ 溶液,那么盐桥选择饱和 NH_4NO_3 溶液较为合适。

(2)常用的氢离子指示电极有氢电极、玻璃电极或醌氢醌电极。氢电极由于制备和维护都比较困难而不常用;玻璃电极常用在 pH 计中。本实验用的醌氢醌电极具有构造简单、制备方便、耐用、容易建立平衡的优点。其缺点是只能用在 pH < 8 的环境中,而且不能有强氧化剂和强还原剂存在。空气中的氧溶于电解液中也能把醌氢醌氧化。因此,醌氢醌电极应该在使用时临时配置。

实验 25　镍的阳极极化曲线的测定

【实验目的及要求】

(1)了解恒电势法测定金属极化曲线的基本原理和测量方法。

(2)了解极化曲线的意义和应用。

(3)掌握电化学工作站的使用。

【实验原理】

(1)金属的钝化

为了探索电极过程机理及影响电极过程的各种因素,必须对电极过程进行研究,其中极化曲线的测定是重要方法之一。在研究可逆电池的电动势和电池反应时,电极上几乎没有电流通过,每个电极反应都是在接近于平衡状态下进行的,因此,电极反应是可逆的。但当有电流明显通过电池时,电极的平衡状态被破坏,电极电势偏离平衡值,电极反应处于不可逆状态,而且随着电极上电流密度的增加,电极反应的不可逆程度也随之增大。由于电流通过电极而导致电极电势偏离平衡值的现象,称为电极的极化,描述电流密度与电极电势之间关系的曲线称为极化曲线。

在以金属作为阳极的电解池中通过电流时,通常将发生阳极的电化学溶解过程,如下式所示:

$$Me \rightarrow Me^{n+} + ne^- \qquad (25\text{-}1)$$

在金属的阳极溶解过程中,其电极电势必须高于其热力学电势,电极过程才能发生。当阳极极化不大时,阳极溶解过程的速率随着电势变正而逐渐增大。但当电极电势正到某一数值时,其溶解速率达到最大,而后,阳极溶解速率随着电势变正,反而大幅度地降低,这种现象称为金属的钝化现象。处于钝化状态的金属溶解速率很小,这在金属防腐及作为电镀的不溶性阳极时,正是人们所需要的。而在另外的情况,如化学电源、电冶金和电镀中的可溶性阳极,金属的钝化就非常不利。

(2)影响金属钝化过程的几个因素

金属由活化状态转变为钝化状态,至今还存在着两种不同的观点。有人认为金属钝化是由于金属表面形成了一层氧化物,因而阻止了金属进一步溶解;也有人认为金属钝化是由于金属表面吸附氧而使金属溶解速率降低。前者称为氧化物理论,后者称为表面吸附理论。影响金属钝化过程及钝态性质的因素可归纳为以下几点:

①溶液的组成:溶液中存在的 H^+、卤素离子以及某些具有氧化性的阴离子对金属的钝化现象起着颇为显著的影响。在中性溶液中,金属一般是比较容易钝化的,而在酸性溶液或某些碱性溶液中要困难得多。这是与阳极反应产物的溶解度有关的。卤素离子,特

别是氯离子的存在,则明显起到阻止金属钝化的作用,已经钝化了的金属也容易被它破坏(活化),而使金属的阳极溶解速率重新增加。溶液中存在某些具有氧化性的阴离子(如 CrO_2^{4-}),则可以促进金属的钝化。

②金属的化学组成和结构:各种纯金属的钝化能力很不相同,以铁、镍、铬三种金属为例,铬最容易钝化,镍次之,铁再差些。因此添加铬、镍可以提高钢铁的钝化能力,不锈钢材是一个极好的例子。一般来说,在合金中添加易钝化的金属时可以大大提高合金的钝化能力及钝态的稳定性。

③外界因素(如温度、搅拌等):一般来说温度升高以及搅拌加剧是可以推迟或防止钝化过程的发生,这明显与离子的扩散有关。

(3)极化曲线的测定

测定极化曲线,实际上是测定有电流流过电极时,电极电势与电流的关系。极化曲线的测定可以用恒电流法和恒电势法两种。

恒电流法是控制通过电极的电流密度(电流),测定各电流密度相应的电极电势,从而得到极化曲线。由于在同一电流密度下,电极可能对应有不同的电极电势,因此用恒电流法,不能完整地描述出电流密度和电势间的全部复杂关系。

恒电势法是将研究电极的电势恒定地维持在所需的数值,然后测定相应的电流密度,从而得到极化曲线。由于电极表面状态在未建立稳定状态之前,电流会随时间而改变,故一般测出的曲线为“暂态”极化曲线。在实际测量中,常用的恒电势法有静态法和动态法两种。

①静态法:将电极电势较长时间地维持在某一恒定值,同时测量电流随时间的变化,直到电流值基本上达到某一稳定值。如此逐点地测量各个电极电势(例如,每隔 20 mV、50 mV 或 100 mV)下的稳定电流值,以获得完整的极化曲线。

②动态法:控制电极电势以较慢的速度连续地改变(扫描),并测量对应电势下的瞬间电流值,并以瞬时电流与对应的电极电势作图,获得整个的极化曲线。所采用的扫描速度(电势变化的速率)需要根据研究体系的性质选定。一般来说,电极表面建立稳态的速率愈慢,则扫描速率也应愈慢,这样才能使所测得的极化曲线与采用静态法时的接近。

上述两种方法都已获得了广泛的应用。从测定结果的比较可以看出,静态法测量结果虽较接近稳态值,但测量时间太长。本实验采用动态法,利用电化学工作站的恒电势仪模式,逐步改变电极电势,测量其相对稳定的电流值。

实验采用三电极体系,测定金属电极的阳极极化曲线,测量原理图如图 25-1 所示。被研究的电极称为工作电极或研究电极,与研究电极构成电流回路的电极称为辅助电极,研究电极与辅助电极构成电解池。参比电极是测量研究电极电势的比较标准,与研究电极组成原电池。参比电极应是一个电极电势已知且稳定的可逆电极,该电极的稳定性和重现性要好。

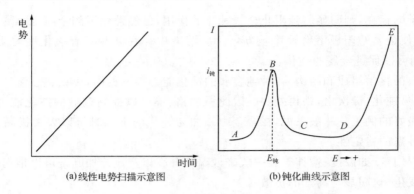

(a)线性电势扫描示意图   (b)钝化曲线示意图

图 25-1   金属电极的阳极极化曲线测量原理图

用动态法测量金属电极的阳极极化曲线时,对于大多数金属均可得到如图 25-1(b)所示的形式。图 25-1(b)中的曲线可分为四个区域:

①AB 段为活性溶解区。电极电势从初值开始逐渐往正变化,相应极化电流逐渐增加,此时金属进行正常的阳极溶解,阳极电流随电势的变化符合 Tafel 公式。

②BC 段为过渡钝化区。随着电极电势增加到 B 点,极化电流达到最大值 $i_钝$。若电极电势继续增加,金属开始发生钝化现象,即随着电势的变正,极化电流急剧下降到最小值。通常 B 点的电流 $I_钝$ 称为致钝电流,相应的电极电势 $E_钝$ 称为致钝电势或临界电势。电势过 B 点后,金属开始钝化,其溶解速度不断降低并过渡到钝化状态(C 点之后)。在极化电流急剧下降到最小值的转折点(C 点)电势称为 Flade 电势。

③CD 段为稳定钝化区。在此区域内金属的溶解速度维持最小值,溶解速度基本上不随电势而改变。随着电势的改变极化电流基本不变。此时的电流密度称为钝态金属的稳定溶解电流密度,这段电势区称钝化电势区。

④DE 段为过钝化区,D 点之后阳极电流又重新随电势的正移而增大。此时可能是高价金属离子的产生,也可能是水的电解而析出 O_2,还可能是二者同时出现。

【仪器和药品】

仪器:电化学分析仪(CHI604E),电解池,参比电极(饱和甘汞电极),辅助电极(铂电极),研究电极(镍电极),金相砂纸。

药品:乙醇,硫酸,氯化钾,去离子水。

【实验步骤】

(1)打开仪器、计算机,预热 10 min。

(2)测量镍在 0.1 mol·L^{-1}硫酸溶液中的阳极极化曲线

①将研究电极(镍电极)用金相砂纸磨至镜面光亮(注意:打磨时,将金相砂纸平铺在桌面上,使电极垂直于金相砂纸,呈"8"字形进行打磨!),然后在乙醇中清洗除油,之后用去离子水清洗干净,用滤纸条将电极表面的水吸干,备用。

②洗净电极池,注入待测硫酸溶液,然后将研究电极、辅助电极、参比电极装入电极池内,连通线路[红色接辅助电极(铂电极)、绿色接研究电极(镍电极)、白色接参比电极(饱和甘汞电极)](图 25-2)。

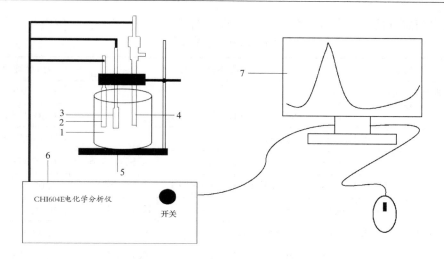

1—电极池；2—镍电极；3—铂电极；4—饱和甘汞电极；5—简单电极架；6—电化学分析仪；7—电脑

图 25-2　极化曲线测定实验装置

③打开实验软件（保证先开仪器，后开软件）并按如下步骤设置好参数：

a. 在工具栏里选中"Setup"→"Hardware Test"，等几秒钟后显示各项"OK"。如有问题，请联系指导老师；

b. 在工具栏里选中"Control"，此时屏幕上显示一系列命令的菜单，再选中"Open Circuit Potential"，几秒钟后屏幕上即显示开路电势值（镍工作电极相对于参比电极的电势），记下该数值；

c. 在工具栏里选中"Setup"→"Techniques…"，此时屏幕上显示一系列电化学实验技术（Electrochemical Techniques）的菜单，再选中"Linear Sweep Voltammetry（线性电势扫描法）"，然后按"确定"按钮，此时屏幕上显示一系列需设定参数的对话框（若没有，则在工具栏里选中"Setup"→"Parametres…"调出对话框）：

初始扫描电势（Init E/V）：设为 -0.6；

终止电势（Final E/V）：设为 1.5；

扫描速率（Scan Rate /V/s）：设为 0.05；

采样间隔（Sample Interval /V）：设为 0.001；

初始电势下的极化时间/预处理时间（Quiet Time /s）：设为 60；

灵敏度（Sensitivity /A/V）：设为 $1 * e^{-3}$。

④单击工具栏中的运行键（Run），此时仪器开始运行，屏幕上即时显示当时的工作状况和电流对电势的曲线。待预处理时间结束后，仪器会自动扫描并画出极化曲线，扫描结束后给实验结果取名，并存盘。

（3）依次测定其他溶液条件（表 25-1）下的极化曲线：

表 25-1　其他溶液条件

序号	影响因素	电解质溶液组成	扫描速度
1	重现性（3 次）	0.1 mol·L^{-1} H$_2$SO$_4$ 8 mL	0.05 V·s^{-1}
2	扫描速度	0.1 mol·L^{-1} H$_2$SO$_4$ 8 mL	0.01 V·s^{-1}
		0.1 mol·L^{-1} H$_2$SO$_4$ 8 mL	0.10 V·s^{-1}
3	酸的浓度	0.1 mol·L^{-1} H$_2$SO$_4$ 8 mL　1 mol·L^{-1} H$_2$SO$_4$ 25 滴	0.05 V·s^{-1}
		0.1 mol·L^{-1} H$_2$SO$_4$ 8 mL　1 mol·L^{-1} H$_2$SO$_4$ 50 滴	0.05 V·s^{-1}
4	Cl$^-$浓度	0.1 mol·L^{-1} H$_2$SO$_4$ 8 mL　1 mol·L^{-1} KCl　3 滴	0.05 V·s^{-1}
		0.1 mol·L^{-1} H$_2$SO$_4$ 8 mL　1 mol·L^{-1} KCl　6 滴	0.05 V·s^{-1}
		0.1 mol·L^{-1} H$_2$SO$_4$ 8 mL　1 mol·L^{-1} KCl　9 滴	0.05 V·s^{-1}

【注意事项】

（1）每次测量前都需对镍电极进行打磨至镜面光亮；

（2）当电流大于 10 mA，即电流溢出 Y 轴时应及时停止实验，以免损伤工作电极。此时只需单击工具栏中的停止键即可；

（3）饱和甘汞电极中的溶液中注意不要有气泡，否则会影响极化曲线的测定。

【数据处理】

（1）分别在极化曲线图上找出各极化曲线上致钝电流 $i_钝$、致钝电势 $E_钝$、Flade 电势、钝化电势区间，并将数据填入表 25-2。

（2）单击工具栏中的"Graphics"，再单击"Overlay Plot"，选中另两个文件使三条曲线叠加在一张图中。如果曲线溢出画面，请在"Graph Option"里选择合适的 X、Y 轴量程再作图，然后打印曲线图。

表 25-2　镍的阳极极化曲线的测定数据表

实验编号	致钝电流 $i_钝$	致钝电势 $E_钝$	Flade 电势	钝化电势区间
1				
2				
3				
4				
5				
6				
7				
8				
9				
10				

【思考题】

(1)通过阳极极化曲线的测定,对极化过程和极化曲线的应用有何进一步理解?若要对某电极进行阳极保护,应首先测定哪些参数?

(2)如果扫描速率改变,测得的 $E_{钝}$ 和 $I_{钝}$ 有何变化?为什么?

(3)当溶液的 pH 发生改变时,镍电极的钝化行为有何变化?为什么?

【讨论】

电化学工作站介绍见附录 7。

实验 26　离子迁移数的测定

【实验目的及要求】

（1）了解迁移数的含义，掌握希托夫(Hittorf)法测定离子迁移数的原理和操作方法。
（2）测定 $CuSO_4$ 溶液中 Cu^{2+} 和 SO_4^{2-} 的迁移数。

【实验原理】

电解质溶液依靠离子的定向迁移而导电，其导电任务由正、负离子共同承担。由于正、负离子的迁移速率、所带电荷不同，因此它们分担的导电任务也不同。所谓离子迁移数 t_B，就是离子 B 所负担传递的电量 Q_B 在通过溶液的总电量 Q 中所占的比值，即

$$t_B = \frac{Q_B}{Q} \tag{26-1}$$

对单一电解质溶液，因 $Q = Q_+ + Q_-$，故

$$t_+ + t_- = 1$$

根据法拉第(Faraday)定律，物质的反应量与通过的总电量成正比，同理，物质的迁移量也与其负担传递的电量成正比，因此

$$t_B = \frac{Q_B}{Q} = \frac{n_迁}{n_反} \tag{26-2}$$

当电流通过电解质溶液时，溶液中同时发生着两种不同的过程：一是正、负离子在电场作用下分别向阴、阳两极定向迁移；二是阴、阳两极分别发生还原、氧化反应。由于离子迁移和电极反应，两极区的电解质溶液浓度发生变化。只要测得两极区电解质溶液浓度的变化值，并用电量计测定通过溶液的总电量，即可由物料平衡算出离子的迁移量，进而求得离子的迁移数。

现以 Cu 电极电解 $CuSO_4$ 溶液为例说明如下：

考虑阳极区。设电解前所含 Cu^{2+} 的量为 $n_前$，电解后所含 Cu^{2+} 的量为 $n_后$。阳极区电解前后 Cu^{2+} 的量之所以发生变化，有两个原因：一是由于迁移（Cu^{2+} 从阳极区向阴极区迁移）使 Cu^{2+} 减少 $n_迁$；二是由于反应（阳极 Cu 氧化成 Cu^{2+} 进入溶液）使 Cu^{2+} 增加 $n_反$，因此

$$n_后 = n_前 - n_迁 + n_反$$

即

$$n_迁 = n_前 - n_后 + n_反 \tag{26-3}$$

若考虑阴极区，则由于迁移（Cu^{2+} 从阳极区向阴极区迁移）使 Cu^{2+} 增加 $n_迁$，又由于反应（阴极区 Cu^{2+} 还原成 Cu 析出）使 Cu^{2+} 减少 $n_反$。因此

$$n_后 = n_前 + n_迁 - n_反$$

即

$$n_迁 = n_后 - n_前 + n_反 \tag{26-4}$$

$n_前$、$n_后$ 可用化学法测量，$n_反$ 可由串联在电路中的电量计测得，据此可求得阳极区或阴极区 Cu^{2+} 的迁移量，再由式(26-2)求得 Cu^{2+} 的迁移数。SO_4^{2-} 的迁移数由下式得到：

$$t(SO_4^{2-}) = 1 - t(Cu^{2+}) \tag{26-5}$$

【仪器和药品】

仪器：三室迁移管，迁移管固定架，铜电极，精密稳流电源，铜电量计，碱式滴定管，锥形瓶(4 只)，烧杯(4 只)，金相砂纸，电子天平。

药品：0.05 mol·L^{-1} $CuSO_4$ 溶液，0.05 mol·L^{-1} $Na_2S_2O_3$ 标准溶液，10% KI 溶液，0.5% 淀粉指示剂，1 mol·L^{-1} HAc 溶液，1 mol·L^{-1} HNO_3，乙醇。

【实验步骤】

(1)用水洗净迁移管并用少量 $CuSO_4$ 溶液荡洗两次，将其安装到固定架上，充满 $CuSO_4$ 溶液，将已处理清洁的两电极浸入(表面如有氧化层需用金相砂纸打磨，并用 $CuSO_4$ 溶液淋洗)，管内不能有气泡。

(2)将铜电量计中的阴极铜片取下，用金相砂纸磨光除去表面氧化层，水洗后在稀 HNO_3 溶液中浸泡 1 min，然后水洗、醇洗、吹干，称其质量后装回电量计中。将配好的 $CuSO_4$ 电解液加入电量计杯子里，盖好杯盖。如图 26-1 所示安装连接实验装置(注意电量计阴极、阳极切勿接错)。将原液烧杯放在中间区活塞下方，将阴极区、阳极区的液面调整至刚好与中间区连通。

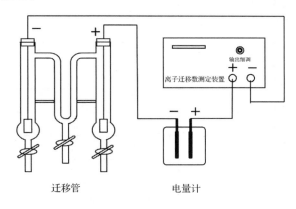

图 26-1　离子迁移数测定装置图

(3)接通电源，调节电流为 13 mA，连续通电 60 min。通电结束，调节电流为 0，将电源关闭。立即打开中间区玻璃活塞，将中间区溶液放入中间区烧杯内，待液面达到中间区与阴极区、阳极区的连接玻璃管处关闭活塞，以免溶液扩散。

(4)称出阴极区及阳极区烧杯的质量，将全部阴极区、阳极区溶液及适量原 $CuSO_4$ 溶液分别放入对应洁净干燥的烧杯中，称量阴极区及阳极区烧杯装入溶液后的总质量。取出电量计铜片，用去离子水将 $CuSO_4$ 溶液冲洗干净。将阴极铜片拆下，乙醇冲洗并吹干，称其质量。

(5)用移液管从烧杯中各取 10 mL 溶液装入已知质量的 100 mL 锥形瓶内，称出装液后锥形瓶的质量，计算溶液的质量。在各瓶中加入 10 mL 稀 HAc 溶液、3 mL KI 溶液，

用标准 $Na_2S_2O_3$ 溶液滴定,滴至淡黄色,再加入 1 mL 淀粉指示剂,滴至蓝紫色消失。记下消耗标准 $Na_2S_2O_3$ 溶液的体积。

【注意事项】

(1)实验中所用的铜电极必须用纯度为 99.999% 的电解铜。

(2)迁移管内溶液及电极片上不能有气泡,两极上所通电流不能太大。

(3)通电时,按照实验步骤(5)完成原 $CuSO_4$ 溶液中 Cu^{2+} 浓度的滴定及计算。

(4)本实验由铜电量计的阴极铜片增重计算反应量,因此称量及前处理都很重要,要仔细进行。

【数据处理】

(1)实验数据和结果填入表 26-1。

表 26-1 离子迁移数的测定数据表

$c(Na_2S_2O_3)/(mol \cdot L^{-1}) = $ _____

电量计阴极铜片分析		$m_{前}/g=$	$m_{后}/g=$	$m_{反}(Cu)/g=$	$m_{反}(CuSO_4)/g=$
迁移管溶液分析		原 $CuSO_4$ 溶液	中间区溶液	阴极区溶液	阳极区溶液
$m(烧杯)/g$		—	—		
$m(烧杯+总溶液)/g$		—	—		
$m(总溶液)/g$					
$m(锥形瓶)/g$	10 mL 溶液				
$m(锥形瓶+溶液)/g$					
$m(溶液)/g$					
$V(Na_2S_2O_3)/mL$					
$m_{后}(CuSO_4)/g$					
$m(H_2O)/g$					
通电前相同质量水中含 $m_{前}(CuSO_4)/g$					
$m_{后}(CuSO_4)/g$ 总溶液		—			
$m_{前}(CuSO_4)/g$ 总溶液		—			
$m_{迁}(CuSO_4)/g$ 总溶液		—			
$t(Cu^{2+})$		—			
$t(SO_4^{2-})$		—			

(2)由电量计阴极铜片的增量,得到以铜的质量计的反应量 $m_{反}(Cu)$,然后折合成以 $CuSO_4$ 的质量计的反应量 $m_{反}(CuSO_4)$:

$$m_{反}(CuSO_4) = m_{反}(Cu) \times \frac{159.6}{63.55}$$

（3）从迁移管各区电解后溶液及原 $CuSO_4$ 溶液滴定分析结果得到各溶液的组成：

$$m_{后}(CuSO_4) = c(Na_2S_2O_3) \cdot V(Na_2S_2O_3) \times \frac{159.6}{1\,000}$$

$$m(H_2O) = m(溶液) - m_{后}(CuSO_4)$$

（4）计算各区溶液中相同质量的水中在电解前所含 $CuSO_4$ 的质量 $m_{前}(CuSO_4)$。比较中间区溶液的浓度在通电前后有无改变，如改变需重做实验。

（5）通过 10 mL 阴极区、阳极区溶液中 $m_{后}(CuSO_4)$ 及 $m_{前}(CuSO_4)$，计算全部阴极区、阳极区的 $m_{后}(CuSO_4)$ 总溶液及 $m_{前}(CuSO_4)$ 总溶液。

（6）根据式（26-3）、式（26-4）计算阳极区、阴极区 Cu^{2+} 迁移量（以 $CuSO_4$ 的质量计，无须换算成物质的量）$m_{迁}(CuSO_4)$。根据式（26-2）、式（26-5）计算两极区 Cu^{2+}、SO_4^{2-} 的迁移数，对两极区的计算结果进行比较、分析。

【思考题】

（1）通过电量计阴极的电流密度为什么既不能太大也不能太小？

（2）同样的操作，$0.05\ mol \cdot L^{-1}$ $CuSO_4$ 溶液和 $0.05\ mol \cdot L^{-1}$ $FeSO_4$ 溶液中，SO_4^{2-} 的迁移数是否相同？为什么？

（3）影响离子迁移数的因素主要有哪些？

（4）碱式滴定管如何使用，使用时需要注意什么？

【讨论】

（1）离子迁移数的测定方法有多种，常用的有：希托夫法、界面移动法和电动势法。希托夫法是较古老的测定离子迁移数的方法，尽管该法要配置电量计及进行繁多的溶液分析工作，但其原理简明，方法简便，适用面广。

（2）希托夫法有两个假设：一是电的输送者只是电解质的离子，溶剂水不导电，这与实际情况接近；二是不考虑离子水化作用，这与实际情况不同。实际由于离子水化且正、负离子所带水量不一定相同，因此水也是移动的，两极区溶液浓度的变化部分是由于水迁移所引起的，故该法所测定的是表观离子迁移数。

（3）希托夫法中，若通电前后中间区溶液的浓度有变，则说明溶液本身不稳定，还在流动，测得的将是溶液在此状态下的运动与离子迁移两种运动的叠加结果，准确度大大降低，故需重测。

（4）本实验所用的三室迁移管也可以是直型迁移管，但其阴极、阳极位置不能颠倒，阴极在上方。

实验 27　用分光光度法测定弱电解质的电离常数

【实验目的及要求】

(1)掌握一种测定弱电解质的电离常数的方法。

(2)掌握分光光度计的测试原理和使用方法。

(3)掌握 pH 计的原理和使用。

【实验原理】

根据朗伯-比尔(Lambert-Beer)定律,溶液对于单色光的吸收,遵守下列关系式:

$$A = \lg \frac{I_0}{I} = \kappa lc \qquad (27\text{-}1)$$

式中,A 为吸光度;I / I_0 为透光率;κ 为摩尔吸光系数,它是溶液的特性常数;l 为被测溶液的厚度(比色杯的厚度);c 为溶液浓度。

在分光光度分析中,将每一种单色光,分别依次地通过某一溶液,测定溶液对每一种光波的吸光度,以吸光度 A 对波长 λ 作图,就可以得到该物质的分光光度曲线或吸收光谱曲线,如图 27-1 所示。由图可以看出,对应于某一波长有一个最大的吸收峰,用这一波长的入射光通过该溶液就有最佳的灵敏度。

从式(27-1)可以看出,对于固定长度吸收槽,在对应的最大吸收峰的波长 λ 下测定不同浓度 c 的吸光度,就可以作出线性的 A-c,这就是光度法的定量分析的基础。

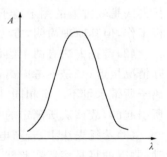

图 27-1　分光光度曲线

以上讨论是对于单组分溶液的情况,对于含有两种以上组分的溶液,情况就要复杂一些。

(1)若两种被测定组分的吸收曲线彼此不相重合,这种情况就很简单,就等于分别测定两种单组分溶液。

(2)若两种被测定组分的吸收曲线相重合,且遵守朗伯-比尔定律,则可在两波长 λ_1 及 λ_2 时(λ_1、λ_2 是两种组分单独存在时吸收曲线最大吸收峰波长)测定其总吸光度,然后换算成被测定物质的浓度。

根据朗伯-比尔定律,假定吸收槽长度一定时,则

$$\begin{cases} \text{对于单组分 A}:A_\lambda^A = K_\lambda^A c^A \\ \text{对于单组分 B}:A_\lambda^B = K_\lambda^B c^B \end{cases} \tag{27-2}$$

设 $A_{\lambda_1}^{A+B}$、$A_{\lambda_2}^{A+B}$ 分别代表在 λ_1 及 λ_2 时混合溶液的总吸光度,则

$$A_{\lambda_1}^{A+B} = A_{\lambda_1}^A + A_{\lambda_1}^B = K_{\lambda_1}^A c^A + K_{\lambda_1}^B c^B \tag{27-3}$$

$$A_{\lambda_2}^{A+B} = A_{\lambda_2}^A + A_{\lambda_2}^B = K_{\lambda_2}^A c^A + K_{\lambda_2}^B c^B \tag{27-4}$$

此处 $A_{\lambda_1}^A$、$A_{\lambda_1}^B$、$A_{\lambda_2}^A$、$A_{\lambda_2}^B$ 分别代表 λ_1 及 λ_2 时组分 A 和 B 的吸光度。由式(27-3)可得

$$c^B = \frac{A_{\lambda_1}^{A+B} - K_{\lambda_1}^A c^A}{K_{\lambda_1}^B} \tag{27-5}$$

将式(27-5)代入式(27-4)得:

$$c^A = \frac{K_{\lambda_1}^B A_{\lambda_2}^{A+B} - K_{\lambda_2}^B A_{\lambda_1}^{A+B}}{K_{\lambda_2}^A K_{\lambda_1}^B - K_{\lambda_2}^B K_{\lambda_1}^A} \tag{27-6}$$

这些不同的 K 值均可由单组分溶液求得。也就是说,在单组分溶液的最大吸收峰的波长 λ 处,测定吸光度 A 和浓度 c 的关系,如果在该处符合朗伯-比尔定律,那么 A-c 为直线,直线的斜率即为 K 值,$A_{\lambda_1}^{A+B}$、$A_{\lambda_2}^{A+B}$ 是混合溶液在 λ_1 和 λ_2 处测得的总吸光度,因此根据式(27-5)与式(27-6)即可计算混合溶液中组分 A 和 B 的浓度。

(3)若两种被测组分的吸收曲线相互重合,而又不遵守朗伯-比尔定律。

(4)混合溶液中含有未知组分的吸收曲线。

由于(3)和(4)两种情况计算及处理比较复杂,此处不讨论。

本实验是用分光光度法测定弱电解质(甲基红)的电离常数,由于甲基红本身带有颜色,而且在有机溶剂中电离度很小,所以用一般的化学分析法或者其他物理化学方法进行测定都有困难,但用分光光度法可不必将其分离,且同时能测定两组分的浓度。甲基红在有机溶剂中形成下列平衡:

酸式(HMR)红色

碱式(MR⁻)黄色

可简写为

$$HMR = H^+ + MR^+$$

甲基红的电离常数:

$$K = \frac{[H^+][MR^-]}{[HMR]}$$

或

$$pK = pH - \lg \frac{[MR^-]}{[HMR]} \tag{27-7}$$

由式(27-7)可知,只要测定溶液中 MR⁻ 与 HMR 的浓度及溶液的 pH[由于本体系的吸收曲线属于上述讨论中的第二种类型,因此可用分光光度法通过式(27-5)、式(27-6)求出 MR⁻、HMR 的浓度],即可求得甲基红的电离常数。

【仪器和药品】

仪器:722 型分光光度计(1 台),PHs-3D 型酸度计(1 台),容量瓶(100 mL,7 只),量筒(100 mL,1 只),烧杯(100 mL,4 只),移液管(25 mL,胖肚 2 支),移液管(10 mL,刻度 2 支),洗耳球(1 只)。

药品:酒精(95 %,CP),盐酸(0.1 mol·L⁻¹),盐酸(0.01 mol·L⁻¹),醋酸钠(0.01 mol·L⁻¹),醋酸钠(0.04 mol·L⁻¹),醋酸(0.02 mol·L⁻¹),甲基红(固体)。

【实验步骤】

(1)溶液配制

①甲基红溶液:将 1 g 晶体甲基红加 300 mL 95%酒精,用蒸馏水稀释到 500 mL。

②标准溶液:取 10 mL 上述配好的溶液加 50 mL 95 %酒精,用蒸馏水稀释至 100 mL。

③溶液 A:将 10 mL 标准溶液加 10 mL 0.1 mol·L⁻¹ HCl,用蒸馏水稀释至 100 mL。

④溶液 B:将 10 mL 标准溶液加 25 mL 0.04 mol·L⁻¹ NaAc,用蒸馏水稀释至 100 mL。

溶液 A 的 pH 约为 2,甲基红以酸式存在。溶液 B 的 pH 约为 8,甲基红以碱式存在。将溶液 A、溶液 B 和空白液(蒸馏水)分别放入三个洁净的比色皿内,测定吸收光谱曲线。

(2)吸收光谱曲线的测定

①用 722 型分光光度计测定溶液 A 和溶液 B 的吸收光谱曲线求出最大吸收峰的波长。波长从 360 nm 开始,每隔 20 nm 测定一次(每改变一次波长都要先用空白溶液校正),直至 620 nm 为止。由所得的吸光度 A 与 λ 作 A-λ 曲线,从而求得溶液 A 和溶液 B 的最大吸收峰波长 λ_1 和 λ_2。

②求 $K^A_{\lambda_1}$、$K^B_{\lambda_1}$、$K^A_{\lambda_2}$、$K^B_{\lambda_2}$。于 100 mL 小容量瓶中将 A 溶液用 0.01 mol·L⁻¹ HCl 稀释至开始浓度的 0.75 倍、0.50 倍、0.25 倍。于 100 mL 小容量瓶中将 B 溶液用 0.01 mol·L⁻¹ 的 NaAc 稀释至开始浓度的 0.75 倍、0.50 倍、0.25 倍。并在溶液 A、溶液 B 的最大吸收峰波长 λ_1、λ_2 处测定上述各溶液的吸光度。如果在 λ_1、λ_2 处上述溶液符合朗伯-比尔定律,那么可得四条 A-c 直线,由此可求出 $K^A_{\lambda_1}$、$K^B_{\lambda_1}$、$K^A_{\lambda_2}$、$K^B_{\lambda_2}$。

(3)测定混合溶液的总吸光度及其 pH

①配制四个混合液

a. 10 mL 标准溶液＋25 mL 0.04 mol·L⁻¹ NaAc＋50 mL 0.02 mol·L⁻¹ HAc,用蒸馏水稀释至 100 mL。

b. 10 mL 标准溶液＋25 mL 0.04 mol·L⁻¹ NaAc＋25 mL 0.02 mol·L⁻¹ HAc,用蒸馏水稀释至 100 mL。

c. 10 mL 标准溶液＋25 mL 0.04 mol·L⁻¹ NaAc＋10 mL 0.02 mol·L⁻¹ HAc,用

蒸馏水稀释至 100 mL。

　　d. 10 mL 标准溶液＋25 mL 0.04 mol·L^{-1} NaAc＋5 mL 0.02 mol·L^{-1} HAc,用蒸馏水稀释至 100 mL。

　　②用 λ_1、λ_2 的波长测定上述四个溶液的吸光度。

　　③测定上述四个溶液的 pH。

【注意事项】

　　(1)使用 722 型分光光度计时,电源部分需加一稳压电源,以保证测定数据稳定。

　　(2)使用 722 型分光光度计时,为了延长光电管的寿命,在不进行测定时,应将暗室盖子打开。仪器连续使用时间不应超过 2 h,若使用时间长,则中途需间歇 0.5 h 再使用。

　　(3)比色槽经过校正后,不能随意与另一套比色槽个别地交换,需经过校正后才能更换,否则将引入误差。

　　(4)pH 计应在接通电源 20～30 min 后进行测定。

　　(5)本实验 pH 计使用的复合电极,在使用前复合电极需在 3 mol·L^{-1} KCl 溶液中浸泡一昼夜。复合电极的玻璃电极玻璃很薄,容易摔碎,切不可与任何硬物相碰。

【数据处理】

　　(1)画出溶液 A、溶液 B 的吸收光谱曲线,并根据曲线求出最大吸收峰的波长 λ_1、λ_2。

　　(2)将 λ_1、λ_2 时溶液 A、溶液 B 分别测得的浓度与吸光度值作图,得 4 条 A-c 直线。求出 4 个摩尔吸光系数 $K_{\lambda_1}^A$、$K_{\lambda_1}^B$、$K_{\lambda_2}^A$、$K_{\lambda_2}^B$。

　　(3)由混合溶液的总吸光度,根据式(27-5)和式(27-6),求出混合溶液中 A、B 的浓度。

　　(4)求出各混合溶液中甲基红的电离常数。

【思考题】

　　(1)制备溶液时,所用的 HCl、HAc、NaAc 溶液各起什么作用?

　　(2)用分光光度法进行测定时,为什么要用空白溶液校正零点?理论上应该用什么溶液校正?在本实验中用的是什么?为什么?

【讨论】

　　(1)分光光度法和分析中的比色法相比较有一系列优点,首先它的应用不局限于可见光区,可以扩大到紫外和红外区,所以对于一系列没有颜色的物质也可以应用。此外,也可以在同一样品中对两种以上的物质(不需要预先进行分离)同时进行测定。

　　(2)吸收光谱的方法在化学中得到广泛的应用和迅速发展,也是物理化学研究中的重要方法之一,例如用于测定平衡常数以及研究化学动力学中的反应速度和机理等。由于吸收光谱实际上决定于物质内部结构和相互作用,因此对它的研究有助于了解溶液中分子结构及溶液中发生的各种相互作用(如络合、离解、氢键等性质)。

附　录

附录 1　气体钢瓶及其使用

气体钢瓶是用于贮存压缩气体和液化气体的高压容器。最高工作压力为 15 MPa，最低也在 0.6 MPa 以上。钢瓶的肩部用钢印打出下述指标：

制造商、制造日期、气瓶型号、编号、气瓶质量、气体容积、工作压力、水压试验压力、水压试验日期及下次送检日期。

气体钢瓶的颜色：为了避免各种钢瓶使用时发生混淆，不同气体的钢瓶颜色不同，写明瓶内名称（附表 1-1）。

附表 1-1　各种气体钢瓶标志

气体类别	瓶身颜色	字样	标字颜色	腰带颜色
氮气	黑	氮	黄	棕
氧气	天蓝	氧	黑	—
氢气	深绿	氢	红	红
压缩空气	黑	压缩空气	白	—
液氨	黄	氨	黑	—
二氧化碳	黑	二氧化碳	黄	黄
氦气	棕	氦	白	—
氯气	草绿	氯	白	—
石油气体	灰	石油气体	红	—

气体钢瓶体积大、质量大、压力大，如果在存放、运输或使用时不按规则操作容易发生危险。

气体钢瓶存放注意事项

（1）气体钢瓶应贮存于阴凉通风处，避免阳光照射或热源照射，以免引起爆炸。

（2）气体钢瓶附近不可存放易燃物质，如有油污的棉纱、棉布等，不要用塑料布、油毡之类盖，以免爆炸。

（3）气体钢瓶要牢固的直立放置，固定于墙边或实验桌边，用固定架固定。

（4）不同的气体钢瓶不能混放，尤其是氧气钢瓶与易燃气体钢瓶。空瓶与装有气体的钢瓶应分别存放。不用的气体钢瓶不要放在实验室，应有专库保存。

（5）接受气体钢瓶时，应检查有无漏气，如有漏气要退回厂家，以免发生危险。

气体钢瓶运输注意事项

(1)气体钢瓶要避免撞击及滚动。气体钢瓶的阀门是最脆弱的部分,要加以保护。

(2)气体钢瓶搬运前,应将一切附件卸去,搬运时罩好气体钢瓶帽保护阀门,套好橡皮腰圈,轻拿轻放。

(3)避免使用染有油脂的人手、手套、破布等接触搬运气体钢瓶。

(4)使用车辆长距离运输时,应采取充分措施防止气体钢瓶掉落,做好固定措施。

气体钢瓶使用注意事项

各种高压气体钢瓶必须定期送有关部门检验。一般气体钢瓶至少三年送检一次,充有腐蚀性气体钢瓶至少每两年送检一次,合格钢瓶才能充气。

使用气体钢瓶,除 CO_2、NH_3 外,一般要用减压阀。各种减压阀中,只有 N_2 和 O_2 的减压阀可相互通用外,其他的只能用于规定的气体,不能混用,以防爆炸。

钢瓶上不得沾染油类及其他有机物,特别在气门出口和气表处,应保持清洁。不可用棉麻等物堵漏,以防燃烧。

可燃性气体钢瓶的阀门是反扣(左旋)螺纹,即逆时针方向拧紧;非可燃性或助燃性气体钢瓶的阀门是正扣(右旋)螺纹,开启阀门时应站在气表一侧,以防减压阀冲出伤人。

可燃性气体钢瓶要有防回火装置。有的减压阀已附有此装置,也可在导气管中填装铁丝网防止回火,在导气管中加接液封装置也可起保护作用。

不可将钢瓶中的气体全部用完,一定要保留 0.05 MPa 以上的残留压力。可燃性气体 C_2H_2 应剩余 0.2~0.3 MPa,H_2 应保留 2 MPa,以防止重新充气时发生危险。

附录 2   真空装置(测压仪)

用静态平衡压力法测定一定温度下的压力。用数字式低真空测压仪替代水银 U 形管压力计。无汞污染,安全可靠。

仪器型号:DPCF-1A

技术参数

测量范围: $-101.30 \sim 0$ kPa

分辨率 :0.01 kPa

线性度: $\pm 0.05\%$ EN-US>

数码显示或液晶显示可选

使用方法

(1)插上电源插头,打开电源开关,预热 15 min。

(2)将前面板上的选择开关拨到"kPa"挡,表头显示窗显示的为 kPa 数值。

(3)将传感器的吸气孔通大气,按下"置零"按钮,使面板显示窗显示值为 -0.00 kPa。

(4)将实验系统与测压仪相连接,用测压仪测量系统的压力,该压力为系统与大气压力之间的差值。

注意事项

(1)不要将仪器放在有强磁场干扰的地方。

(2)保持仪器附近气流稳定,避免强对流风,否则影响置零及测量。

(3)保持压力传感器干燥、清洁。

(4)实验开始前置零,测量过程中不可轻易置零。

附录 3　阿贝折射仪

　　阿贝折射仪是能测定透明、半透明液体或固体的折射率,检验物质纯度的仪器。若仪器上接恒温器,则可测定一定温度下的折射率,借以了解物质的光学性能、纯度及色散大小等。折射率也可用于确定液体混合物的组成,当组分的结构相似和极性小时,混合物的折射率和物质的组成之间成线性关系,进而通过查折射率-组成的标准曲线确定混合物的组成。

技术参数

折射率测量范围:1.300 0~1.700 0

准确度:±0.000 02

仪器外形尺寸:100 mm×200 mm×240 mm

仪器质量:2.6 kg

工作原理

　　阿贝折射仪的基本原理即为折射定律:若光线从光密介质进入光疏介质,入射角小于折射角,改变入射角可以使折射达到 90°,此时的入射角称为临界角,阿贝折射仪测定折射率是基于测定临界角的原理。如果用一望远镜对出射光线视察,可以看到望远镜视场被分为明暗两部分,二者之间有明显分界线。明暗分界处即为临界角的位置,用 i_c 表示。i_c 具有重要的物理意义,根据公式:

$$n = n_E \frac{\sin(i_c)}{\sin 90°} = n_E \cdot \sin(i_c)$$

式中,n_E 为棱镜的折射率;n 为试样的折射率;i_c 为临界角。

　　显然,可以根据已知的棱镜的折射率 n_E,并在温度、单色光波长都保持恒定值的实验条件下,测定临界角 i_c 就能算出测试样品的折射率。

仪器结构

　　阿贝折射仪的外形图如附图 3-1 所示。

　　在实际测量折射率时,我们使用的入射光

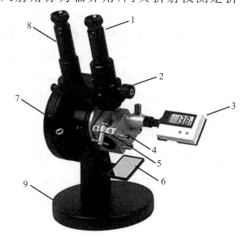

1—测量望远镜;2—消色散手柄;3—温度计;
4—恒温水入口;5—闭合旋钮;6—反射镜;
7—刻度盘罩;8—测量棱镜;9—底座
附图 3-1　阿贝折射仪的外形图

不是单色光,而是使用由多种单色光组成的普通白光,因不同波长的光的折射率不同而产生色散,在目镜中看到一条彩色的光带,而没有清晰的明暗分界线,为此,在阿贝折射仪中安置了一套消色散棱镜(又叫补偿棱镜)。通过调节消色散棱镜,使测量棱镜出来的色散光线消失,明暗分界线清晰,此时测得的液体的折射率相当于用单色光钠光所测得的折射率。

仪器使用

(1)仪器安装:将阿贝折射仪安放在光亮处,但应避免阳光的直接照射,以免液体试样受热迅速蒸发。用超级恒温水浴将恒温水通入棱镜夹套内,检查棱镜上温度计的读数是否符合要求[一般选用(20.0±0.1)℃或(25.0±0.1)℃]。

(2)加样:旋开闭合旋钮,打开测量棱镜和辅助棱镜。使辅助棱镜的磨砂斜面处于水平位置,若棱镜表面不清洁,可滴加少量丙酮,用擦镜纸顺单一方向轻擦镜面(不可来回擦)。待镜面洗净、干燥后,用滴管滴加数滴试样于辅助棱镜的毛镜面上,迅速合上辅助棱镜,旋紧闭合旋钮。若液体易挥发,动作要迅速,或先将两棱镜闭合,然后用滴管从加液孔中注入试样(注意切勿将滴管折断在孔内)。

(3)调光:转动镜筒使之垂直,调节反射镜使入射光进入棱镜,同时调节目镜的焦距,使目镜中十字线清晰明亮。调节消色散手柄使目镜中彩色光带消失。再调节读数螺旋,使明暗的界面恰好同十字线交叉处重合。

(4)读数:从读数望远镜中读出刻度盘上的折射率数值。常用的阿贝折射仪可读至小数点后的第四位,为了使读数准确,一般应将试样重复测量三次,每次相差不能超过0.000 2,然后取平均值。

注意事项

阿贝折射仪是一种精密的光学仪器,使用时应注意以下几点:

(1)使用时要注意保护棱镜,清洗时只能用擦镜纸而不能用滤纸等。加试样时不能将滴管口触及镜面。对于酸碱等腐蚀性液体不得使用阿贝折射仪。

(2)每次测定时,试样不可加得太多,一般只需加2～3滴即可。

(3)要注意保持仪器清洁,保护刻度盘。最后用两层擦镜纸夹在两棱镜镜面之间,以免镜面损坏。

(4)读数时,有时在目镜中观察不到清晰的明暗分界线,而是畸形的,这是由于棱镜间未充满液体;若出现弧形光环,则可能是由于光线未经过棱镜而直接照射到聚光透镜上。

(5)若待测试样折射率不为1.3～1.7,则阿贝折射仪不能测定,也看不到明暗分界线。

附录 4 热电偶温度计

热电偶温度计是一种简单、普通、测温范围广泛的温度传感器。热电偶传感元件是由两根不同材质的金属线组成,结构简单,使用方便,精确度高,量程范围宽,抗振,适用于中高温区(在特殊的情况下,可测量 3 000 ℃的高温)。

工作原理

两种不同成分的导体(称为热电偶丝材或热电极)两端接合成回路,当接合点的温度不同时,在回路中就会产生电动势,这种电动势称为热电势或温差电势。热电偶就是利用这种原理进行温度测量的,其中,直接用作测量介质温度的一端叫作工作端(也称为测量端),另一端叫作冷端(也称为补偿端)。当热电偶的两个热电偶丝材料成分确定后,热电偶热电势的大小,只与热电偶的温度差有关,若热电偶冷端的温度保持一定,热电偶的热电势仅是工作端温度的单值函数。因此,显示仪表显示的温差变化实际是热端温度的变化。

注意事项

(1)热电偶可以和被测物质直接接触的,可以直接插在被测物中;若与接触物质发生化学反应,则需将热电偶插在一个适当的套管中,再将套管插在待测物中,在套管中加适当的石蜡油,以便改进导热情况。

(2)热电偶的冷端温度需保证准确不变,一般放在冰水中。如果由于使用条件限制温度波动的环境中时,可用补偿导线或冷端补偿器来进行校正。

(3)选择热电偶时应注意,在使用温度范围内,温差电势与温度最好成线性关系选温差电势温度系数大的热电偶,以增加测量的灵敏度。

附录5　电导率仪介绍

1. 电导及电导率

电解质电导是熔融盐和碱的一种性质,也是盐、酸液和碱水溶液的一种性质。电导不仅反映了电解质溶液中离子存在的状态及运动信息,而且由于稀溶液中电导与离子浓度之间的简单线性关系,而被广泛应用于分析化学与化学动力学过程的测试。

电导是电阻的倒数,因此电导值的测量,实际上是通过电阻值的测量再换算的。测定溶液电导时,由于离子在电极上会发生放电,产生极化,因而要使用频率足够高的交流电,以防止电解产物的产生。所用的电极镀铂黑减少超电势,并且用零点法使电导的最后读数是在零电流时记取,这也是超电势为零的位置。

对于化学家来说,更感兴趣的量是电导率。其值可用如下公式计算:

$$\kappa = G\frac{l}{A} \tag{1}$$

式中,l 为测定电解质溶液时两电极间距离,m;A 为电极面积,m^2;G 为电导,S(西门子);κ 为电导率(指面积为 1 m^2,两电极相距 1 m 时,溶液的电导),$S \cdot m^{-1}$。

电解质溶液的摩尔电导率 Λ_m 是指把含有 1 mol 的电解质溶液置于相距为 1 m 的两个电极之间的电导。若溶液的浓度为 $c(mol \cdot L^{-1})$,则含有 1 mol 电解质溶液的体积为 10^{-3} m^3。摩尔电导率的单位为 $S \cdot m^2 \cdot mol^{-1}$,即

$$\Lambda_m = \kappa \times \frac{10^{-3}}{A} \tag{2}$$

若用同一仪器依次测定一系列液体的电导,由于电极面积(A)与电极间距离(l)保持不变,则相对电导就等于相对电导率。

2. 电导的测量原理及电导率仪

（1）平衡电桥法

测定电解质溶液电导时,可用交流电桥法,其简单原理如附图 5-1 所示。

将待测溶液装入具有两个固定的镀有铂黑的铂电极的电导池中,电导池内溶液电阻为

$$R_x = \frac{R_2}{R_1} \cdot R_3$$

因为电导池的作用相当于一个电容器,故电桥电路就包含一个可变电容 C,调节电容 C 来平衡电导池的容抗,将电导池连接在电桥的一臂,以 1 000 Hz 的振荡器作为交流电源,以示波器作为零电流指示器(不能用直流检流计),在寻找零点的过程中,电桥输出信号十分微弱,因此示波器前加一放大器,得到 R_x 之后,即可换算成电导。

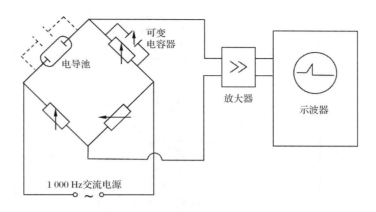

附图 5-1　交流电桥装置示意图

（2）DDS-11 型电导率仪

测量电解质溶液的电导率时，目前广泛使用 DDS-11 型电导率仪，它的测量范围广，操作简便，当配上适当的组合单元后，可达到自动记录的目的。

①测量原理

电导率仪测量原理如附图 5-2 所示。把振荡器产生的一个交流电压源 E 送到电导池 R_x 与量程电阻（分压电阻）R_m 的串联回路里，电导池里的溶液电导愈大，R_x 愈小，R_m 获得的电压 E_m 也就愈大。将 E_m 送至交流放大器放大，再经过信号整流，以获得推动表头的直流信号输出，表头直读电导率。

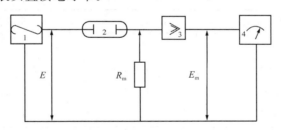

1—振荡器；2—电导池；3—放大器；4—指示器
附图 5-2　电导率仪测量原理

②测量范围

测量范围：$0 \sim 10^4 \ \mu S \cdot cm^{-1}$

配套电极：常用电导电极有两种：光亮电极和铂黑电极。光亮电极用于测量较小的电导率（$0 \sim 10 \ \mu S \cdot cm^{-1}$），而铂黑电极用于测量较大的电导率（$10 \sim 10^4 \ \mu S \cdot cm^{-1}$）。通常用铂黑电极，因为它的表面比较大，这样就降低了电流密度，减少或消除了极化。但在测量低电导率溶液时，铂黑对电解质有强烈的吸附作用，出现不稳定的现象，这时宜采用光亮电极。

③使用方法

本书所采用的电导率仪面板如附图 5-3 所示。

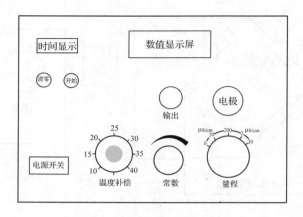

附图 5-3　电导率仪面板

(i)电导电极常数和电导池常数

常用电导电极规格常数(J_0)有四种:0.01、0.1、1、10。实际电导池常数(J_1)允差$\leqslant$ $\pm 20\%$。即同一规格常数的电导电极,其实际电导池常数的存在范围为$J_1=(0.8\sim 1.2)J_0$。选用何种规格的电导电极,应根据被测液介质电导率范围而定。

(ii)仪器量程显示范围

本仪器设有四挡量程。当选取用规格常数$J_0=1$电极测量时,其量程显示范围见附表 5-1。

附表 5-1　$J_0=1$ 时各量程段对应量程显示范围

序号	量程开关位置	仪器显示	对应量程范围/($\mu S \cdot cm^{-1}$)
1	20 μS	0~19.99	0~19.99
2	200 μS	0~199.9	0~199.9
3	2 mS	0~1.999	0~1 999
4	20 mS	0~19.99	0~1.999×10 000

注:量程 1、2 挡,单位 $\mu S \cdot cm^{-1}$;量程 3、4 挡,单位 $mS \cdot cm^{-1}$。

(iii) 操作方法

a. 不采用温度补偿(基本法)

同一种规格常数的电极,其实际电导池常数的存在范围为$J_1=(0.8\sim 1.2)J_0$。为消除这实际存在的偏差,仪器设有常数校正功能。

操作:打开仪器电源开关,将仪器功能开关置校正(基本)挡,温度补偿旋钮置25 ℃刻度线,调节常数校正旋钮,使仪器显示电导池实际常数值。即当$J_1=0.95J_0$时,仪器显示 95.0;$J_1=1.05J_0$ 时,仪器显示 105.0。

电极是否接上,仪器量程开关在何位置,不影响进行常数校正。新电极出厂时,其J_1一般在电极相应位置上。

测量:将功能开关置"测量"挡,电极插入被测液中,仪器显示该被测液的电导率。

b. 采用温度补偿(温度补偿法)

操作:调节温度补偿旋钮,使其指示的温度与溶液温度相同,仪器功能开关置校正(温补)挡,调节常数校正旋钮,使仪器显示电极电导池实际常数值。

测量:将功能开关置"测量"挡,电极插入被测液中,仪器显示该被测液的标准温度(25 ℃)时的电导率。

说明:一般情况下,液体电导率是指该液体介质标准温度(25 ℃)时的电导率。当介质温度不在 25 ℃时,其液体电导率会有一个变量。为等效消除这个变量,仪器设置了温度补偿功能。仪器不采用温度补偿时,测得的电导率为该液体在测量时液体温度下的电导率。仪器采用温度补偿时,测得的电导率已换算为该液体在 25 ℃时的电导率值。

本仪器温度补偿系数为每摄氏度(℃)2%。所以在做高精密测量时,请尽量不采用温度补偿,而采用测量后查表或将被测液等温在 25 ℃时测量,来求得液体介质 25 ℃时的电导率值。

(iv)仪器维护和注意事项

电极应置于清洁干燥的环境中保存。

电极在使用和保存过程中,因介质、空气侵蚀等因素的影响,其电导池常数会有所变化。

测量时,为保证样液不被污染,电极应用去离子水或二次蒸馏水冲洗干净,并用样液适量冲洗。

当样液介质电导率小于 $1\ \mu S \cdot cm^{-1}$ 时,应加测量槽做流动测量。

仪器显示屏只显示最高位 1 时为溢出显示。此时,请选高一挡测量。

附录 6　贝克曼温度计简介

　　贝克曼温度计是精确测量温度差值的温度计,由德国化学家恩斯特·奥托·贝克曼发明。贝克曼温度计一般只有 5 ℃的量程,最小刻度为 0.01 ℃,可以估读到 0.001 ℃;还有一种更精确,量程为 1 ℃,最小刻度为 0.002 ℃。

　　贝克曼温度计的结构如附图 6-1 所示,水银球与水银储槽由均匀的毛细管连通,其中除水银外是真空。与普通的温度计不同,在毛细管上端的水银储槽可以用来调节水银球中的水银量。因此虽然量程较小,却可以再不同温度范围内使用。所测温度越高,球内水银量越少。一般可以在 -6~120 ℃使用。

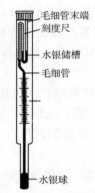

附图 6-1　贝克曼温度计的结构

　　贝克曼温度计的刻度有两种标示方法:一种是最小读数在温度标尺上端,最大读数在下端,用来测量温度下降值,称为下降式贝克曼温度计;另一种是最大读数在温度标尺上端,最小读数在下端,用来测量温度升高值,称为上升式贝克曼温度计。在非常精密的测量时,两种贝克曼温度计不能混用。

使用方法

　　首先根据实验要求确定所选用贝克曼温度计的类型,例如凝固点降低法测定摩尔质量应选用下降式贝克曼温度计。然后根据温度调节水银球中水银量,使毛细管中的水银面位于温度标尺的合适位置。例如凝固点降低法测定摩尔质量实验起始温度(纯溶剂的凝固点)的水银面应在温度标尺的 1 ℃位置附近。因此在使用贝克曼温度计时,首先应该将它插入一个与所测的起始温度相同的体系内。待平衡后,如果毛细管内的水银面在所要求的合适刻度附近,就不必调整,否则应调整水银球中的水银量。

　　若水银球内水银量过多,应一只手将贝克曼温度计倒持,使水银球中水银流向毛细管顶端与水银储槽中的水银相连接,用手心微温水银球,这时水银便不断流回储槽中,借助储槽上的刻度判断水银球内水银量已经合适,迅速将温度计正向直立,然后用另一只手轻击持温度计的手腕,使水银再毛细管顶端断开。

　　若水银球内水银量过少时,应一只手将贝克曼温度计倒持,使水银球中水银流向毛细管顶端与水银储槽中的水银相连接,然后小心地将温度计直立,并立即浸入冷水中,这时水银便由储槽流回至水银球中,至认为流回的水银量已够时,迅速将温度计取出,另一只手轻击持温度计的手腕,使水银再毛细管顶端断开。

　　使用贝克曼温度计测量温差,读数时,贝克曼温度计必须垂直,且水银球应全部浸没在被测体系中。由于毛细管中的水银面上升或下降时有黏滞现象,所以读数前必须先用手指轻敲水银面处,消除黏滞现象后用放大镜读取数值。

附录 7 电化学工作站介绍

电化学工作站是电化学测量系统的简称,是电化学研究和教学常用的测量设备。将多种测量系统组成一台整机,内含快速数字信号发生器、高速数据采集系统、电势电流信号滤波器、多级信号增益、IR 降补偿电路以及恒电势仪、恒电流仪。可直接用于超微电极上的稳态电流测量。如果与微电流放大器及屏蔽箱连接,可测量 1 pA 或更低的电流。如果与大电流放大器连接,电流范围可拓宽为 ±100 A。某些实验方法的时间尺度的数量级可达 10 倍,动态范围极为宽广,一些工作站甚至没有时间记录的限制。可进行循环伏安法、交流阻抗法、交流伏安法、电流滴定、电势滴定等测量。工作站可以同时进行两电极、三电极及四电极的工作方式。四电极可用于液/液界面电化学测量,对于大电流或低阻抗电解池(例如电池)也十分重要,可消除由于电缆和接触电阻引起的测量误差。仪器还有外部信号输入通道,可在记录电化学信号的同时记录外部输入的电压信号,例如光谱信号、快速动力学反应信号等。这对光谱电化学、电化学动力学等实验极为方便。

电化学工作站主要有两大类,单通道工作站和多通道工作站,区别在于多通道工作站可以同时进行多个样品测试,较单通道工作站有更高的测试效率,适合大规模研发测试需要,可以显著的加快研发速度。

电化学工作站已经是商品化的产品,不同厂商提供的不同型号的产品具有不同的电化学测量技术和功能,但基本的硬件参数指标和软件性能是相同的。

实验操作

(1)将电极夹头夹到实际电解池上,设定实验技术和参数后,便可进行实验。实验中如果需要电势保持或暂停扫描,可用 Control 菜单中的 Pause/Resume 命令,此命令在工具栏上有对应的键。如果需要继续扫描,可再按一次该键。若要停止实验,可以用 Stop 命令或按工具栏上相应的键。

(2)如果实验过程中发现电流溢出(Overflow,经常表现为电流突然变成一条水平直线或得到警告),可停止实验,在参数设定命令中重设灵敏度,数值越小越灵敏。如果溢出,应将灵敏度调低(数值调大)。灵敏度的设置应以尽可能灵敏而又不溢出为准。如果灵敏度太低,虽不至于溢出,但由于电流转换成的电压信号太弱,模数转换器只用了其满量程的很小一部分,数据的分辨率会很差,其相对噪声增大。

(3)实验结束后,可执行 Graphics 菜单中的 Present Data Plot 命令进行数据显示,这时实验参数和结果都会在图的右边显示出来。你可做各种显示和数据处理。很多实验数据,可以用不同的方式来显示。

(4)要储存实验数据,可执行 File 菜单中的 Save As 命令。文件总是以二进制(Binary)的格式保存,用户需要输入文件名,但不必加 .bin 的文件类型符号。如果你忘了存数据,下次实验或读入其他文件时会将当前数据抹去。若要防止此类事情发生,可在

Set Up 菜单的 System 命令中,选择 Present Data Override Warning,这样,每次实验前或读入数据前都会给出警告。

(5)若要打印实验数据,可用 File 菜单中的 Print 命令。但在打印前,你需要先在主视窗的环境下设置好你的打印机类型,打印方向请设置在横向(Landscape)。

(6)若要切换实验技术,可执行 Setup 菜单中的 Technique 命令,选择新的实验技术,然后重新设定参数。

一般情况下,每次实验结束后,电解池与恒电势仪会自动断开。做流动电解质检测时,往往需要电解池与恒电势仪始终保持接通,以使电极表面的化学转化过程和双电层的充电过程结束而得到很低的背景电流。

注意事项

(1)仪器的电源应采用单相三线。其中地线应与大地连接良好。地线的作用不但可以起到机壳屏蔽以降低噪声,而且也是为了安全,不致有漏电而引起触电。

(2)仪器不宜时开时关,但晚上离开实验室时建议关机。

(3)使用温度为 15~28 ℃,此温度范围外也能工作,但会造成漂移和影响仪器寿命。

(4)电极夹头长时间使用造成脱落,可自行焊接,但注意夹头不要和同轴电缆外面一层网状的屏蔽层短路。

附录 8　物理化学实验常用数据表

附表 8-1　国际单位制的基本单位

量的名称	单位名称	单位符号
长度	米	m
质量	千克(公斤)	kg
时间	秒	s
电流	安[培]	A
热力学温度	开[尔文]	K
物质的量	摩[尔]	mol
发光强度	坎[德拉]	cd

摘自:孟长功.基础化学实验[M].3 版.北京:高等教育出版社,2019.

附表 8-2　国际单位制的辅助单位

量的名称	单位名称	单位符号
平面角	弧度	rad
立体角	球面度	sr

摘自:孟长功.基础化学实验[M].3 版.北京:高等教育出版社,2019.

附表 8-3　国际单位制的一些导出单位

物理量	单位名称	代号		用国际制基本单位表示的关系式
		国际	中文	
频率	赫兹	Hz	赫	s^{-1}
力	牛顿	N	牛	$m \cdot kg \cdot s^{-2}$
压强	帕斯卡	Pa	帕	$m^{-1} \cdot kg \cdot s^{-2}$
能、功、热	焦耳	J	焦	$m^2 \cdot kg \cdot s^{-2}$
功率、辐射通量	瓦特	W	瓦	$m^2 \cdot kg \cdot s^{-3}$
电量、电荷	库仑	C	库	$s \cdot A$
电势、电压、电动势	伏特	V	伏	$m^2 \cdot kg \cdot s^{-3} \cdot A^{-1}$
电容	法拉	F	法	$m^{-2} \cdot kg^{-1} \cdot s^4 \cdot A^2$
电阻	欧姆	Ω	欧	$m^2 \cdot kg \cdot s^{-3} \cdot A^{-2}$

（续表）

物理量	单位名称	代号 国际	代号 中文	用国际制基本单位表示的关系式
电导	西门子	S	西	$m^{-2} \cdot kg^{-1} \cdot s^3 \cdot A^2$
磁通量	韦伯	Wb	韦	$m^2 \cdot kg \cdot s^{-2} \cdot A^{-1}$
磁感应强度	特斯拉	T	特	$kg \cdot s^{-2} \cdot A^{-1}$
电感	亨利	H	亨	$m^2 \cdot kg \cdot s^{-2} \cdot A^{-2}$
光通量	流明	lm	流	$cd \cdot sr$
光照度	勒克斯	lx	勒	$m^{-2} \cdot cd \cdot sr$
黏度	帕斯卡秒	Pa·s	帕·秒	$m^{-1} \cdot kg \cdot s^{-1}$
表面张力	牛顿每米	N·m^{-1}	牛·米$^{-1}$	$kg \cdot s^{-2}$
热容量、熵	焦耳每开	J·K^{-1}	焦·开$^{-1}$	$m^2 \cdot kg \cdot s^{-2} \cdot K^{-1}$
比热	焦耳每千克每开	J·kg^{-1}·K^{-1}	焦·千克$^{-1}$·开$^{-1}$	$m^2 \cdot s^{-2} \cdot K^{-1}$
电场强度	伏特每米	V·m^{-1}	伏·米$^{-1}$	$m \cdot kg \cdot s^{-3} \cdot A^{-1}$
密度	千克每立方米	kg·m^{-3}	千克·米$^{-3}$	$kg \cdot m^{-3}$

摘自：迪安 J A.兰氏化学手册[M].魏俊发,等译.2版.北京:科学出版社,2003.

附表 8-4　国际制词冠

因数	词冠	名称	词冠符号	因数	词冠	名称	词冠符号
10^{12}	tera	（太）	T	10^{-2}	centi	（厘）	c
10^9	giga	（吉）	G	10^{-3}	milli	（毫）	m
10^6	mega	（兆）	M	10^{-6}	micro	（微）	μ
10^3	kilo	（千）	k	10^{-9}	nano	（纳）	n
10^2	hecto	（百）	h	10^{-12}	pico	（皮）	p
10^1	deca	（十）	da	10^{-15}	femto	（飞）	f
10^{-1}	deci	（分）	d	10^{-18}	atto	（阿）	a

摘自：迪安 J A.兰氏化学手册[M].魏俊发,等译.2版.北京:科学出版社,2003.

附表 8-5 单位换算表

单位名称	符号	折合 SI 单位制	单位名称	符号	折合 SI 单位制
力的单位			**功率单位**		
1公斤力	kgf	$=9.806\ 65$ N	1公斤力·米·秒$^{-1}$	kgf·m·s^{-1}	$=9.806\ 65$ W
1达因	dyn	$=10^{-5}$ N	1尔格·秒$^{-1}$	erg·s^{-1}	$=10^{-7}$ W
黏度单位			1大卡·小时$^{-1}$	kcal·h^{-1}	$=1.163$ W
泊	P	$=0.1$ N·S·m^{-2}	1卡·秒$^{-1}$	cal·s^{-1}	$=4.186\ 8$ W
厘泊	CP	$=0.001$ N·S·m^{-2}	**比热单位**		
压力单位			1卡·克$^{-1}$·度$^{-1}$	cal·g^{-1}·℃$^{-1}$	$=4\ 186.8$ J·kg^{-1}·℃$^{-1}$
毫巴	mbar	$=100$ N·m^{-2}(Pa)	1尔格·克$^{-1}$·度$^{-1}$	erg·g^{-1}·℃$^{-1}$	$=10^{-4}$ J·kg^{-1}·℃$^{-1}$
1达因·厘米$^{-2}$	dyn·cm^{-2}	$=0.1$ N·m^{-1}(Pa)	**电磁单位**		
1公斤力·厘米$^{-2}$	kgf·cm^{-2}	$=98\ 065$ N·m^{-2}(Pa)	1伏·秒	V·s	$=1$ Wb
1工程大气压	af	$=98\ 066.5$ N·m^{-2}(Pa)	1安小时	A·h	$=3\ 600$ C
1标准大气压	atm	$=101\ 324.7$ N·m^{-2}(Pa)	1德拜	D	$=3.334\times10^{-30}$ C·m
1毫米水高	mmH$_2$O	$=9.806\ 65$ N·m^{-2}(Pa)	1高斯	G	$=10^{-4}$ T
1毫米汞高	mmHg	$=133.322$ N·m^{-2}(Pa)	1奥斯特	Oe	$=(1\ 000/4\pi)$ A
功能单位					
1公斤力·米	kgf·m	$=9.806\ 65$ J			
1尔格	erg	$=10^{-7}$ J			
升·大气压	l·atm	$=101.328$ J			
1瓦特·小时	w·h	$=3\ 600$ J			
1卡	cal	$=4.186\ 8$ W			

摘自:迪安 J A.兰氏化学手册[M].魏俊发,等译.2 版.北京:科学出版社,2003.

附表 8-6 希腊字母表

大写	小写	英文名称	中文名称	大写	小写	英文名称	中文名称
A	α	alpha	阿尔法	N	ν	nu	纽
B	β	beta	贝塔	Ξ	ξ	xi	克西
Γ	γ	gamma	伽马	O	o	omicron	奥密克戎
Δ	δ	delta	德耳塔	Π	π	pi	派
E	ε	epsilon	艾普西隆	P	ρ	rhc	洛
Z	ζ	zeta	截塔	Σ	σ	sigma	西格马
H	η	eta	艾塔	T	τ	tau	陶
Θ	θ	theta	西塔	Y	υ	upsilon	宇普西龙
I	ι	iota	约塔	Φ	φ	phi	斐
K	κ	kappa	卡帕	X	χ	chi	喜
Λ	λ	lambda	兰布达	Ψ	ψ	psi	普西
M	μ	mu	米尤	Ω	ω	omiga	奥默伽

摘自:迪安 J A.兰氏化学手册[M].魏俊发,等译.2 版.北京:科学出版社,2003.

表 8-7 物理化学常数

常数名称	符号	数值	单位	相对标准偏差
真空光速	c_0	299 792 458	$m \cdot s^{-1}$	准确的
基本电荷	e	$1.602\ 176\ 620\ 8(98) \times 10^{-19}$	C	6.1×10^{-9}
阿伏伽德罗常数	N_A, L	$6.022\ 140\ 857(74) \times 10^{23}$	mol^{-1}	1.2×10^{-8}
原子质量单位	u	$1.660\ 539\ 0(40) \times 10^{-27}$	kg	1.2×10^{-8}
电子质量	m_e	$9.109\ 383\ 56(11) \times 10^{-31}$	kg	1.2×10^{-8}
质子质量	m_p	$1.672\ 621\ 898(21) \times 10^{-27}$	kg	1.2×10^{-87}
法拉第常数	F	$96\ 485.332\ 89(59)$	$C \cdot mol^{-1}$	6.2×10^{-9}
普朗克常数	h	$6.626\ 070\ 040(81) \times 10^{-34}$	$J \cdot s$	1.2×10^{-8}
电子荷质比	e/m_e	$1.758\ 820\ 024(11) \times 10^{11}$	$C \cdot kg^{-1}$	6.2×10^{-9}
里德伯常数	R_∞	$10\ 973\ 731.568\ 508(65)$	m^{-1}	5.9×10^{-12}
玻尔磁子	μ_B	$927.400\ 949(80) \times 10^{-26}$	$J \cdot T^{-1}$	6.2×10^{-9}
摩尔气体常数	R	$8.314\ 459\ 8(48)$	$J \cdot mol^{-1} \cdot K^{-1}$	5.7×10^{-7}
玻耳兹曼常量	k	$1.380\ 648\ 52(79) \times 10^{-23}$	$J \cdot K^{-1}$	5.7×10^{-7}
万有引力常数	G	$6.674\ 08(31) \times 10^{-11}$	$m \cdot kg^{-1} \cdot s^{-2}$	4.7×10^{-5}
重力加速度	g_n	9.806 65(准确值)	$m \cdot s^{-2}$	准确的

摘自：LIDE D R. CRC handbook of chemistry and physics[M]. 97th ed. Boca Raton：CRC Press，2016-2017：1-1~1-6.

附表 8-8 纯水的蒸气压

$t/℃$	p/kPa	$t/℃$	p/kPa	$t/℃$	p/kPa	$t/℃$	p/kPa
0	0.611 29	16	1.818 5	32	4.757 8	48	11.171
1	0.657 16	17	1.938	33	5.033 5	49	11.745
2	0.706 05	18	2.064 4	34	5.322 9	50	12.344
3	0.758 13	19	2.197 8	35	5.626 7	51	12.97
4	0.813 59	20	2.338 8	36	5.945 3	52	13.623
5	0.872 6	21	2.487 7	37	6.279 5	53	14.303
6	0.935 37	22	2.644 7	38	6.629 8	54	15.012
7	1.002 1	23	2.810 4	39	6.996 9	55	15.752
8	1.073	24	2.985	40	7.381 4	56	16.522
9	1.148 2	25	3.169	41	7.784	57	17.324
10	1.22 81	26	3.362 9	42	8.205 4	58	18.159
11	1.312 9	27	3.567	43	8.646 3	59	19.028
12	1.402 7	28	3.781 8	44	9.107 5	60	19.932
13	1.497 9	29	4.007 8	45	9.589 8	61	20.873
14	1.598 8	30	4.245 5	46	10.09 4	62	21.851
15	1.705 6	31	4.495 3	47	10.62	63	22.868

（续表）

t/℃	p/kPa	t/℃	p/kPa	t/℃	p/kPa	t/℃	p/kPa
64	23.925	105	120.79	146	426.85	187	1 173.8
65	25.022	106	125.03	147	438.67	188	1 200.1
66	26.163	107	129.39	148	450.75	189	1 226.9
67	27.347	108	133.88	149	463.1	190	1 254.2
68	28.576	109	138.5	150	475.72	191	1 281.9
69	29.852	110	143.24	151	488.61	192	1 310.1
70	31.176	111	148.12	152	501.78	193	1 338.8
71	32.549	112	153.13	153	515.23	194	1 368
72	33.972	113	158.29	154	528.96	195	1 397.6
73	35.448	114	163.58	155	542.99	196	1 427.8
74	36.978	115	169.02	156	557.32	197	1 458.5
75	38.563	116	174.61	157	571.94	198	1 489.7
76	40.205	117	180.34	158	586.87	199	1 521.4
77	41.905	118	186.23	159	602.11	200	1 553.6
78	43.665	119	192.28	160	617.66	201	1 586.4
79	45.487	120	198.48	161	633.53	202	1 619.7
80	47.373	121	204.85	162	649.73	203	1 653.6
81	49.324	122	211.38	163	666.25	204	1 688
82	51.342	123	218.09	164	683.1	205	1 722.9
83	53.428	124	224.96	165	700.29	206	1 758.4
84	55.585	125	232.01	166	717.83	207	1 794.5
85	57.815	126	239.24	167	735.7	208	1 831.1
86	60.119	127	246.66	168	753.94	209	1 868.4
87	62.499	128	254.25	169	772.52	210	1 906.2
88	64.958	129	262.04	170	791.47	211	1 944.6
89	67.496	130	270.02	171	810.78	212	1 983.6
90	70.117	131	278.2	172	830.47	213	2 023.2
91	72.823	132	286.57	173	850.53	214	2 063.4
92	75.614	133	295.15	174	870.98	215	2 104.2
93	78.494	134	303.93	175	891.8	216	2 145.7
94	81.465	135	312.93	176	913.03	217	2 187.8
95	84.529	136	322.14	177	934.64	218	2 230.5
96	87.688	137	331.57	178	956.66	219	2 273.8
97	90.945	138	341.22	179	979.09	220	2 317.8
98	94.301	139	351.09	180	1 001.9	221	2 362.5
99	97.759	140	361.19	181	1 025.2	222	2 407.8
100	101.32	141	371.53	182	1 048.9	223	2 453.8
101	104.99	142	382.11	183	1 073	224	2 500.5
102	108.77	143	392.92	184	1 097.5	225	2 547.9
103	112.66	144	403.98	185	1 122.5	226	2 595.9
104	116.67	145	415.29	186	1 147.9	227	2 644.6

$t/℃$	p/kPa	$t/℃$	p/kPa	$t/℃$	p/kPa	$t/℃$	p/kPa
228	2 694.1	265	5 082.3	302	8 828.3	339	14 412
229	2 744.2	266	5 163.8	303	8 952.6	340	14 594
230	2 795.1	267	5 246.3	304	9 078.2	341	14 778
231	2 846.7	268	5 329.8	305	9 205.1	342	14 964
232	2 899	269	5 414.3	306	9 333.4	343	15 152
233	2 952.1	270	5 499.9	307	9 463.1	344	15 342
234	3 005.9	271	5 586.4	308	9 594.2	345	15 533
235	3 060.4	272	5 674	309	9 726.7	346	15 727
236	3 115.7	273	5 762.7	310	9 860.5	347	15 922
237	3 171.8	274	5 852.4	311	9 995.8	348	16 120
238	3 228.6	275	5 943.1	312	10 133	349	16 320
239	3 286.3	276	6 035	313	10 271	350	16 521
240	3 344.7	277	6 127.9	314	10 410	351	16 725
241	3 403.9	278	6 221.9	315	10 551	352	16 931
242	3 463.9	279	6 317	316	10 694	353	17 138
243	3 524.7	280	6 413.2	317	10 838	354	17 348
244	3 586.3	281	6 510.5	318	10 984	355	17 561
245	3 648.8	282	6 608.9	319	11 131	356	17 775
246	3 712.1	283	6 708.5	320	11 279	357	17 992
247	3 776.2	284	6 809.2	321	11 429	358	18 211
248	3 841.2	285	6 911.1	322	11 581	359	18 432
249	3 907	286	7 014.1	323	11 734	360	18 655
250	3 973.6	287	7 118.3	324	11 889	361	18 881
251	4 041.2	288	7 223.7	325	12 046	362	19 110
252	4 109.6	289	7 330.2	326	12 204	363	19 340
253	4 178.9	290	7 438	327	12 364	364	19 574
254	4 249.1	291	7 547	328	12 525	365	19 809
255	4 320.2	292	7 657.2	329	12 688	366	20 048
256	4 392.2	293	7 768.6	330	12 852	367	20 289
257	4 465.1	294	7 881.3	331	13 019	368	20 533
258	4 539	295	7 995.2	332	13 187	369	20 780
259	4 613.7	296	8 110.3	333	13 357	370	21 030
260	4 689.4	297	8 226.8	334	13 528	371	21 283
261	4 766.1	298	8 344.5	335	13 701	372	21 539
262	4 843.7	299	8 463.5	336	13 876	373	21 799
263	4 922.3	300	8 583.8	337	14 053	373.98	22 055
264	5 001.8	301	8 705.4	338	14 232		

摘自：LIDE D R. CRC handbook of chemistry and physics[M]. 97th ed. Boca Raton：CRC Press，2016-2017：6-5～6-6.

附表 8-9　水在不同温度下的折射率、黏度、介电常数

温度/℃	折射率/n_D	黏度 $\eta/(mPa \cdot s)$	介电常数 ε	温度/℃	折射率/n_D	黏度 $\eta/(mPa \cdot s)$	介电常数 ε
0	1.333 95	1.770 2	87.74	35	1.331 31	0.719 0	74.83
5	1.333 85	1.510 8	85.76	40	1.330 61	0.652 6	73.15
10	1.333 69	1.303 9	83.83	45	1.329 85	0.597 2	71.51
15	1.333 39	1.137 4	81.95	50	1.329 04	0.546 8	69.91
20	1.333 00	1.001 9	80.10	55	1.328 17	0.504 2	68.35
21	1.332 90	0.976 4	79.73	60	1.327 25	0.466 9	66.82
22	1.332 80	0.953 2	79.38	65	1.326 16	0.434 1	65.32
23	1.332 71	0.931 0	79.02	70	1.325 11	0.405 0	63.86
24	1.332 61	0.910 0	78.65	75	1.323 99	0.379 2	62.43
25	1.332 50	0.890 3	78.30	80		0.356 0	61.03
26	1.332 40	0.870 3	77.94	85		0.335 2	59.66
27	1.332 29	0.851 2	77.60	90		0.316 5	58.32
28	1.332 17	0.832 8	77.24	95		0.299 5	57.01
29	1.332 06	0.814 5	76.90	100		0.284 0	55.72
30	1.331 94	0.797 3	76.55				

摘自：GOKEL G W. 有机化学手册[M]. 张书圣，温永红，丁彩凤，等译. 北京：化学工业出版社，2006：454.

附表 8-10　一些物质的蒸气压

名称	分子式	英文名称	适用温度范围/℃	A	B	C
1,2-二氯乙烷	$C_2H_4Cl_2$	1,2-Dichloroethane	−31 to 99	7.025 3	1 271.3	222.9
苯	C_6H_6	Benzene	−12 to 3	9.106 4	1 885.9	244.2
			8 to 103	6.905 65	1 211.033	220.790
苯胺	C_6H_7N	Aniline	102 to 185	7.320 10	1 731.515	206.049
苯乙烯	C_8H_8	Styrene	32 to 82	7.140 16	1 574.51	224.09
丙酮	C_3H_6O	Acetic	liq	7.117 14	1 210.595	229.664
醋酸	$C_2H_4O_2$	Acetic acid	liq	7.387 82	1 533.313	22.309
二氯甲烷	CH_2Cl_2	Dichloromethane	−40 to 40	7.409 2	1 325.9	252.6
环己烷	C_6H_{12}	Cyclohexane	20 to 81	6.841 30	1 201.53	222.65
甲苯	C_7H_8	Toluene	6 to 137	6.954 64	1 344.800	219.48
甲醇	CH_4O	Methanol	−14 to 65	7.897 50	1 474.08	229.13
			64 to 110	7.973 28	1 515.14	232.85
氯仿	$CHCl_3$	Chloroform	−35 to 61	6.493 4	929.44	196.03

（续表）

名称	分子式	英文名称	适用温度范围/℃	A	B	C
四氯化碳	CCl_4	Tetrachloromethane		6.879 26	1 212.021	226.41
溴苯	C_6H_5Br	Bromobenzene	56 to 154	6.860 64	1 438.817	205.441
溴仿	$CHBr_3$	Tribromomethane	30 to 101	6.821 8	1 376.7	201.0
乙苯	C_8H_{10}	Ethylbenzene	26 to 164	6.957 19	1 424.255	213.21
乙醇	C_2H_6O	Ethanol	−2 to 100	8.321 09	1 718.10	237.52
乙醚	$C_4H_{10}O$	Diethyl ether	−61 to 20	6.920 32	1 064.07	228.80
乙酸甲酯	$C_3H_6O_2$	Methyl acetate	1 to 56	7.065 2	1 157.63	219.73
乙酸乙酯	$C_4H_8O_2$	Ethyl acetate	15 to 76	7.101 79	1 244.95	217.88
异丙醇	C_3H_8O	2-Propanol	0 to 101	8.117 78	1 580.92	219.61
正丁醇	$C_4H_{10}O$	1-Butanol	15 to 131	7.476 80	1 362.39	178.77
正己烷	C_6H_{14}	Hexane	−25 to 92	6.876 01	1 171.17	224.41

摘自：SPEIGHT J G. Lange's handbook of chemistry[M]. 16th ed. New York：McGraw-Hill. 2005：2.297-2.313.

注：$\lg p = A - \dfrac{B}{t+C}$，$\dfrac{\mathrm{d}p}{\mathrm{d}T} = \dfrac{2.303\,pB}{(t+C)^2}$，$-\dfrac{\mathrm{d}(\ln p)}{\mathrm{d}(1/T)} = \dfrac{2.303BT^2}{(t+C)^2}$。其中，$p$ 为蒸气压，mmHg；t 为温度，℃；T 为热力学温度，K。

附表 8-11　液体的折射率

名称	分子式	英文名称	相对分子量	折射率/n_D
1,2-二氯乙烷	$C_2H_4Cl_2$	1,2-Dichloroethane	98.959	1.442 2[25]
苯	C_6H_6	Benzene	78.112	1.501 1[20]
苯胺	C_6H_7N	Aniline	93.127	1.586 3[20]
苯乙烯	C_8H_8	Styrene	104.150	1.544 0[25]
丙酮	C_3H_6O	Acetone	58.079	1.358 8[20]
醋酸	$C_2H_4O_2$	Acetic acid	60.052	1.372 0[20]
二氯甲烷	CH_2Cl_2	Dichloromethane	84.933	1.424 2[20]
环己烷	C_6H_{12}	Cyclohexane	84.159	1.423 5[20]
甲苯	C_7H_8	Toluene	92.139	1.494 1[25]
甲醇	CH_4O	Methanol	32.042	1.328 8[20]
氯仿	$CHCl_3$	Chloroform	119.378	1.445 9[20]
四氯化碳	CCl_4	Tetrachloromethane	153.823	1.460 1[20]
溴苯	C_6H_5Br	Bromobenzene	157.008	1.559 7[20]

（续表）

名称	分子式	英文名称	相对分子量	折射率/n_D
溴仿	$CHBr_3$	Tribromomethane	252.731	1.594 8[25]
乙苯	C_8H_{10}	Ethylbenzene	106.165	1.495 9[20]
乙醇	C_2H_6O	Ethanol	46.068	1.361 1[20]
乙醚	$C_4H_{10}O$	Diethyl ether	74.121	1.352 6[20]
乙酸甲酯	$C_3H_6O_2$	Methyl acetate	74.079	1.361 4[20]
乙酸乙酯	$C_4H_8O_2$	Ethyl acetate	88.106	1.372 3[20]
异丙醇	C_3H_8O	2-Propanol	60.095	1.377 6[20]
正丁醇	$C_4H_{10}O$	1-Butanol	74.121	1.398 8[20]
正己烷	C_6H_{14}	Hexane	86.175	1.372 7[25]

摘自：SPEIGHT J G. Lange's handbook of chemistry[M]. 16th ed. New York：McGraw-Hill. 2005：2.297-2.313.

附表 8-12　水的密度

$t/℃$	$\rho/(g \cdot cm^{-3})$	$t/℃$	$\rho/(g \cdot cm^{-3})$	$t/℃$	$\rho/(g \cdot cm^{-3})$	$t/℃$	$\rho/(g \cdot cm^{-3})$	$t/℃$	$\rho/(g \cdot cm^{-3})$
0.1	0.999 849 3	1.9	0.999 939 5	3.7	0.999 974 3	5.5	0.999 956 8	7.3	0.999 889 8
0.2	0.999 855 8	2.0	0.999 942 9	3.8	0.999 974 7	5.6	0.999 954 4	7.4	0.999 884 7
0.3	0.999 862 2	2.1	0.999 946 1	3.9	0.999 974 9	5.7	0.999 951 8	7.5	0.999 879 4
0.4	0.999 868 3	2.2	0.999 949 1	4.0	0.999 975 0	5.8	0.999 949 0	7.6	0.999 874 0
0.5	0.999 874 3	2.3	0.999 951 9	4.1	0.999 974 8	5.9	0.999 946 1	7.7	0.999 868 4
0.6	0.999 880 1	2.4	0.999 954 6	4.2	0.999 974 6	6.0	0.999 943 0	7.8	0.999 862 7
0.7	0.999 885 7	2.5	0.999 957 1	4.3	0.999 974 2	6.1	0.999 939 8	7.9	0.999 856 9
0.8	0.999 891 2	2.6	0.999 959 5	4.4	0.999 973 6	6.2	0.999 936 5	8.0	0.999 850 9
0.9	0.999 896 4	2.7	0.999 961 6	4.5	0.999 972 8	6.3	0.999 933 0	8.1	0.999 844 8
1.0	0.999 901 5	2.8	0.999 963 6	4.6	0.999 971 9	6.4	0.999 929 3	8.2	0.999 838 5
1.1	0.999 906 5	2.9	0.999 965 5	4.7	0.999 970 9	6.5	0.999 925 5	8.3	0.999 832 1
1.2	0.999 911 2	3.0	0.999 967 2	4.8	0.999 969 6	6.6	0.999 921 6	8.4	0.999 825 6
1.3	0.999 915 8	3.1	0.999 968 7	4.9	0.999 968 3	6.7	0.999 917 5	8.5	0.999 818 9
1.4	0.999 920 2	3.2	0.999 970 0	5.0	0.999 966 8	6.8	0.999 913 2	8.6	0.999 812 1
1.5	0.999 924 4	3.3	0.999 971 2	5.1	0.999 965 1	6.9	0.999 908 8	8.7	0.999 805 1
1.6	0.999 928 4	3.4	0.999 972 2	5.2	0.999 963 2	7.0	0.999 904 3	8.8	0.999 798 0
1.7	0.999 932 3	3.5	0.999 973 1	5.3	0.999 961 2	7.1	0.999 899 6	8.9	0.999 790 8
1.8	0.999 936 0	3.6	0.999 973 8	5.4	0.999 959 1	7.2	0.999 894 8	9.0	0.999 783 4

（续表）

t/℃	ρ/(g·cm⁻³)	t/℃	ρ/(g·cm⁻³)	t/℃	ρ/(g·cm⁻³)	t/℃	ρ/(g·cm⁻³)	t/℃	ρ/(g·cm⁻³)
9.1	0.999 775 9	12.2	0.999 476 6	15.3	0.999 055 8	18.4	0.998 522 8	21.5	0.997 885 2
9.2	0.999 768 2	12.3	0.999 464 8	15.4	0.999 040 3	18.5	0.998 503 8	21.6	0.997 863 0
9.3	0.999 764 0	12.4	0.999 453 0	15.5	0.999 024 7	18.6	0.998 484 7	21.7	0.997 840 6
9.4	0.999 752 5	12.5	0.999 441 0	15.6	0.999 009 0	18.7	0.998 465 5	21.8	0.997 9182
9.5	0.999 744 4	12.6	0.999 428 9	15.7	0.998 993 2	18.8	0.998 446 2	21.9	0.997 8182
9.6	0.999 736 2	12.7	0.999 416 7	15.8	0.998 977 2	18.9	0.998 426 8	22.0	0.997 7730
9.7	0.999 727 9	12.8	0.999 404 3	15.9	0.998 961 2	19.0	0.998 407 3	22.1	0.997 7503
9.8	0.999 719 4	12.9	0.999 391 8	16.0	0.998 945 0	19.1	0.998 387 7	22.2	0.997 7275
9.9	0.999 710 8	13.0	0.999 379 2	16.1	0.998 928 7	19.2	0.998 368 0	22.3	0.997 7045
10.0	0.999 702 1	13.1	0.999 366 5	16.2	0.998 912 3	19.3	0.998 348 1	22.4	0.997 6815
10.1	0.999 693 2	13.2	0.999 353 6	16.3	0.998 895 7	19.4	0.998 328 2	22.5	0.997 6584
10.2	0.999 684 2	13.3	0.999 340 7	16.4	0.998 879 1	19.5	0.998 308 1	22.6	0.997 6351
10.3	0.999 675 1	13.4	0.999 327 6	16.5	0.998 862 3	19.6	0.998 288 0	22.7	0.997 6118
10.4	0.999 665 8	13.5	0.999 314 3	16.6	0.998 845 5	19.7	0.998 267 7	22.8	0.997 588 3
10.5	0.999 656 4	13.6	0.999 301 0	16.7	0.998 828 5	19.8	0.998 247 4	22.9	0.997 564 8
10.6	0.999 646 8	13.7	0.999 285 7	16.8	0.998 811 4	19.9	0.998 226 0	23.0	0.997 541 2
10.7	0.999 637 2	13.8	0.999 274 0	16.9	0.998 794 2	20.0	0.998 206 3	23.1	0.997 517 4
10.8	0.999 627 4	13.9	0.999 260 2	17.0	0.998 776 9	20.1	0.998 185 6	23.2	0.997 493 6
10.9	0.999 617 4	14.0	0.999 246 7	17.1	0.998 759 5	20.2	0.998 164 9	23.3	0.997 469 7
11.0	0.999 607 4	14.1	0.999 232 5	17.2	0.998 741 9	20.3	0.998 144 0	23.4	0.997 445 6
11.1	0.999 597 2	14.2	0.999 218 4	17.3	0.998 741 9	20.4	0.998 123 0	23.5	0.997 421 5
11.2	0.999 586 9	14.3	0.999 204 2	17.4	0.998 706 5	20.5	0.998 101 9	23.6	0.997 397 3
11.3	0.999 576 4	14.4	0.999 189 9	17.5	0.998 688 6	20.6	0.998 080 7	23.7	0.997 373 0
11.4	0.999 565 8	14.5	0.999 175 5	17.6	0.998 670 6	20.7	0.998 059 4	23.8	0.997 348 5
11.5	0.999 555 1	14.6	0.999 160 9	17.7	0.998 652 5	20.8	0.998 038 0	23.9	0.997 324 0
11.6	0.999 544 3	14.7	0.999 146 3	17.8	0.998 634 3	20.9	0.998 016 4	24.0	0.997 299 4
11.7	0.999 533 3	14.8	0.999 131 5	17.9	0.998 616 0	21.0	0.997 994 8	24.1	0.997 274 7
11.8	0.999 522 2	14.9	0.999 116 6	18.0	0.998 597 6	21.1	0.997 973 1	24.2	0.997 249 9
11.9	0.999 511 0	15.0	0.999 101 6	18.1	0.998 579 0	21.2	0.997 951 3	24.3	0.997 225 0
12.0	0.999 499 6	15.1	0.999 086 4	18.2	0.998 560 4	21.3	0.997 929 4	24.4	0.997 200 0
12.1	0.999 488 2	15.2	0.999 071 2	18.3	0.998 541 6	21.4	0.997 907 3	24.5	0.997 174 9

（续表）

t/℃	ρ/(g·cm⁻³)	t/℃	ρ/(g·cm⁻³)	t/℃	ρ/(g·cm⁻³)	t/℃	ρ/(g·cm⁻³)	t/℃	ρ/(g·cm⁻³)
24.6	0.997 149 7	27.7	0.996 321 9	30.8	0.995 406 9	33.9	0.994 409 1	37.0	0.993 332 8
24.7	0.997 122 4	27.8	0.996 293 8	30.9	0.995 376 0	34.0	0.994 375 6	37.1	0.993 296 8
24.8	0.997 099 0	27.9	0.996 265 5	31.0	0.995 345 0	34.1	0.994 342 0	37.2	0.993 224 6
24.9	0.997 073 5	28.0	0.996 237 1	31.1	0.995 313 9	34.2	0.994 308 3	37.3	0.993 224 6
25.0	0.997 048 0	28.1	0.996 208 7	31.2	0.995 282 7	34.3	0.994 274 5	37.4	0.993 188 4
25.1	0.997 022 3	28.2	0.996 180 1	31.3	0.995 251 4	34.4	0.994 274 5	37.5	0.993 152 1
25.2	0.996 996 5	28.3	0.996 180 1	31.4	0.995 220 1	34.5	0.994 206 8	37.6	0.993 115 7
25.3	0.996 970 7	28.4	0.996 122 8	31.5	0.995 188 7	34.6	0.994 172 8	37.7	0.993 079 3
25.4	0.996 944 7	28.5	0.996 094 0	31.6	0.995 157 2	34.7	0.994 138 7	37.8	0.993 042 8
25.5	0.996 918 6	28.6	0.996 065 1	31.7	0.995 125 5	34.8	0.994 104 5	37.9	0.993 006 2
25.6	0.996 892 5	28.7	0.996 036 1	31.8	0.995 093 9	34.9	0.994 070 3	38.0	0.992 969 5
25.7	0.996 866 3	28.8	0.996 007 0	31.9	0.995 062 1	35.0	0.994 070 3	38.1	0.992 932 8
25.8	0.996 839 9	28.9	0.995 977 8	32.0	0.995 030 2	35.1	0.994 001 5	38.2	0.992 896 0
25.9	0.996 813 5	29.0	0.995 948 6	32.1	0.994 998 3	35.2	0.993 967 1	38.3	0.992 859 1
26.0	0.996 787 0	29.1	0.995 919 2	32.2	0.994 966 3	35.3	0.993 932 5	38.4	0.992 822 1
26.1	0.996 760 4	29.2	0.995 889 8	32.3	0.994 934 2	35.4	0.993 897 8	38.5	0.992 785 0
26.2	0.996 733 7	29.3	0.995 860 3	32.4	0.994 902 0	35.5	0.993 863 1	38.6	0.992 747 9
26.3	0.996 706 9	29.4	0.995 830 6	32.5	0.994 869 7	35.6	0.993 828 3	38.7	0.992 710 7
26.4	0.996 680 0	29.5	0.995 800 9	32.6	0.994 837 3	35.7	0.993 793 4	38.8	0.992 673 5
26.5	0.996 653 0	29.6	0.995 771 2	32.7	0.994 804 9	35.8	0.993 758 5	38.9	0.992 636 1
26.6	0.996 625 9	29.7	0.995 741 3	32.8	0.994 772 4	35.9	0.993 723 4	39.0	0.992 598 7
26.7	0.996 598 7	29.8	0.995 711 3	32.9	0.994 739 7	36.0	0.993 688 3	39.1	0.992 561 2
26.8	0.996 571 4	29.9	0.995 681 3	33.0	0.994 707 1	36.1	0.993 653 1	39.2	0.992 523 6
26.9	0.996 544 1	30.0	0.995 651 1	33.1	0.994 674 3	36.2	0.993 617 8	39.3	0.992 486 0
27.0	0.996 516 6	30.1	0.995 620 9	33.2	0.994 641 4	36.3	0.993 582 5	39.4	0.992 448 3
27.1	0.996 489 1	30.2	0.995 590 6	33.3	0.994 608 5	36.4	0.993 547 0	39.5	0.992 410 5
27.2	0.996 461 5	30.3	0.995 560 2	33.4	0.994 575 5	36.5	0.993 511 5	39.6	0.992 372 6
27.3	0.996 433 7	30.4	0.995 529 7	33.5	0.994 542 3	36.6	0.993 475 9	39.7	0.992 334 7
27.4	0.996 405 9	30.5	0.995 499 1	33.6	0.994 509 2	36.7	0.993 440 3	39.8	0.992 296 6
27.5	0.996 378 0	30.6	0.995 468 5	33.7	0.994 475 9	36.8	0.993 404 5	39.9	0.992 258 6
27.6	0.996 350 0	30.7	0.995 437 7	33.8	0.994 442 5	36.9	0.993 368 7	40.0	0.992 220 4

（续表）

t/℃	ρ/(g·cm⁻³)	t/℃	ρ/(g·cm⁻³)	t/℃	ρ/(g·cm⁻³)	t/℃	ρ/(g·cm⁻³)	t/℃	ρ/(g·cm⁻³)
41.0	0.991 83	53.0	0.986 65	65.0	0.980 55	77.0	0.973 64	89.0	0.965 98
42.0	0.991 44	54.0	0.986 17	66.0	0.980 00	78.0	0.973 03	90.0	0.965 31
43.0	0.991 04	55.0	0.985 69	67.0	0.979 45	79.0	0.972 41	91.0	0.964 63
44.0	0.990 63	56.0	0.985 21	68.0	0.978 90	80.0	0.971 79	92.0	0.963 96
45.0	0.990 21	57.0	0.984 71	69.0	0.978 33	81.0	0.971 16	93.0	0.963 27
46.0	0.989 79	58.0	0.984 21	70.0	0.977 76	82.0	0.970 53	94.0	0.962 58
47.0	0.989 36	59.0	0.983 71	71.0	0.977 19	83.0	0.969 90	95.0	0.961 89
48.0	0.988 93	60.0	0.983 20	72.0	0.976 61	84.0	0.969 26	96.0	0.961 19
49.0	0.968 48	61.0	0.982 68	73.0	0.976 03	85.0	0.968 61	97.0	0.960 49
50.0	0.988 04	62.0	0.982 16	74.0	0.975 44	86.0	0.967 96	98.0	0.959 78
51.0	0.987 58	63.0	0.981 63	75.0	0.974 84	87.0	0.967 31	99.0	0.969 07
52.0	0.987 12	64.0	0.981 09	76.0	0.974 24	88.0	0.966 64	99.974	0.968 37

摘自：LIDE D R. CRC hanndbook of chemistry and physics[M]. 8th ed. Boca Raton：CRC Press, lnc，2007-2008：6-6～6-7.

附表 8-13　有机化合物的密度

化合物	ρ₀	α	β	γ	温度范围
丙酮	0.812 48	−1.100	−0.858		0～50
醋酸	1.072 4	−1.122 9	0.005 8	−2.0	9～100
环己烷	0.797 07	−0.887 9	−0.972	1.55	0～60
氯仿	1.526 43	−1.856 3	−0.530 9	−8.81	−53～55
四氯化碳	1.632 55	−1.911 0	−0.690		0～40
乙醇	0.785 06	−0.859 1	−0.56	−5	
	($t_0=25$ ℃)				
乙醚	0.736 29	−1.113 8	−1.237		0～70
乙酸乙酯	0.924 54	−1.168	−1.95	+20	0～40

摘自：National Research Council. International critical tables of numerical data，physics，chemistry and technology Ⅱ. New York：McGraw-Hill book company，1939：28.

注：表中有机化合物的密度可用方程式 $\rho=\rho_0+10^{-3}\alpha(t-t_0)+10^{-6}\beta(t-t_0)^2+10^{-9}\gamma(t-t_0)^3$ 来计算。其中，ρ_0 为 $t=0$ ℃时的密度，g·cm⁻³；1 g·cm⁻³=10^3 kg·m⁻³。

附表 8-14 一些离子在水溶液中的摩尔离子电导率 Λ_x (25 ℃ 无限稀释)

和离子扩散系数 D (稀溶液)

离子	Λ_x / $(10^{-4} m^2 \cdot S \cdot mol^{-1})$	D / $(10^{-5} \cdot cm^2 \cdot S^{-1})$	离子	Λ_x / $(10^{-4} m^2 \cdot S \cdot mol^{-1})$	D / $(10^{-5} \cdot cm^2 \cdot S^{-1})$
Inorganic Cations			$1/2Mg^{2+}$	53	0.706
Ag^{1+}	61.9	1.648	$1/2Mn^{2+}$	53.5	0.712
$1/3Al^{3+}$	61	0.541	NH_4^+	73.5	1.957
$1/2Ba^{2+}$	63.6	0.847	$N_2H_5^+$	59	1.571
$1/2Be^{2+}$	45	0.599	Na^+	50.08	1.334
$1/2Ca^{2+}$	59.47	0.792	$1/3Nd^{3+}$	69.4	0.616
$1/2Cd^{2+}$	54	0.719	$1/2Ni^{2+}$	49.6	0.661
$1/3Ce^{3+}$	69.8	0.620	$1/4[Ni_2(trien)_3]^{4+}$	52	0.346
$1/2Co^{2+}$	55	0.732	$1/2Pb^{2+}$	71	945
$1/3[Co(NH_3)_6]^{3+}$	101.9	0.904	$1/3Pr^{3+}$	69.5	0.617
$1/3[Co(en)_3]^{3+}$	74.7	0.663	$1/2Ra^{2+}$	66.8	0.889
$1/6[Co_2(trien)_3]^{6+}$	69	0.306	Rb^+	77.8	2.072
$1/3Cr^{3+}$	67	0.595	$1/3Sc^{3+}$	64.7	0.574
Cs^+	77.2	2.056	$1/3Sm^{3+}$	68.5	0.608
$1/2Cu^{2+}$	53.6	0.714	$1/2Sr^{2+}$	59.4	0.791
D^+	249.9	6.655	Tl^+	74.7	1.989
$1/3Dy^{3+}$	65.6	0.582	$1/3Tm^{3+}$	65.4	0.581
$1/3Ex^{3+}$	65.9	0.585	$1/2UO_2^{2+}$	32	0.426
$1/3Eu^{3+}$	68	0.604	$1/3Y^{3+}$	62	0.55
$1/2Fe^{2+}$	54	0.719	$1/3Yb^{3+}$	65.6	0.582
$1/3Fe^{3+}$	68	0.604	$1/2Zn^{2+}$	52.8	0.703
$1/3Gd^{3+}$	67.3	0.597	Inorganic Anions		
H^+	349.65	9.311	$Au(CN)_2^-$	50	1.331
$1/2Hg^{2+}$	68.6	0.913	$Au(CN)_4^-$	36	0.959
$1/2Hg^{2+}$	63.6	0.847	$B(C_6H_5)_4^-$	21	0.559
$1/3Ho^{3+}$	66.3	0.589	Br^-	43	1.145
K^+	73.48	1.957	Br_3^-	55.7	1.483
$1/3La^{3+}$	69.7	0.619	BrO_3^-	78.1	2.08
Li^+	38.66	1.029	CN^-	78	2.077

（续表）

离子	Λ_x $(10^{-4}\,m^2 \cdot S \cdot mol^{-1})$	$D/$ $(10^{-5} \cdot cm^2 \cdot S^{-1})$	离子	Λ_x $(10^{-4}\,m^2 \cdot S \cdot mol^{-1})$	$D/$ $(10^{-5} \cdot cm^2 \cdot S^{-1})$
CNO^-	64.6	1.72	IO_4^-	54.5	1.451
$1/2CO_3^{2-}$	69.3	0.923	MnO_4^-	61.3	1.632
Cl^-	76.31	2.032	$1/2MoO_4^{2-}$	74.5	1.984
ClO_2^-	52	1.385	$N(CN)_2^-$	54.5	1.451
ClO_3^-	64.6	1.72	NO_2^-	71.8	1.912
ClO_4^-	67.3	1.792	NO_3^-	71.42	1.902
$1/3[Co(CN)_6]^{3-}$	98.9	0.878	$NH_2SO_3^-$	48.3	1.286
$1/2CrO_4^{2-}$	85	1.132	N_3^-	69	1.837
F^-	55.4	1.475	OCN^-	64.6	1.72
$1/4[Fe(CN)_6]^{4-}$	110.4	0.735	OD^-	119	3.169
$1/3[Fe(CN)_6]^{3-}$	100.9	0.896	OH^-	198	5.273
$H_2AsO_4^-$	34	0.905	PF_6^-	56.9	1.515
HCO_3^-	44.5	1.185	$1/2PO_3F^{2-}$	63.3	0.843
HF_2^-	75	1.997	$1/3PO_4^{3-}$	92.8	0.824
$1/2HPO_4^{2-}$	57	0.759	$1/4P_2O_7^{4-}$	96	0.639
$H_2PO_4^-$	36	0.959	$1/3P_3O_9^{3-}$	83.6	0.742
$H_2PO_2^-$	46	1.225	$1/5P_3O_{10}^{5-}$	109	0.581
HS^-	65	1.731	ReO_4^-	54.9	1.462
HSO_3^-	58	1.545	SCN^-	66	1.758
HSO_4^-	52	1.385	$1/2SO_3^{2-}$	72	0.959
$H_2SbO_4^-$	31	0.825	$1/2SO_4^{2-}$	80	1.065
I^-	76.8	2.045	$1/2S_2O_3^{2-}$	85	1.132
IO_3^-	40.5	1.078	$1/2S_2O_4^{2-}$	66.5	0.885
$1/2S_2O_6^{2-}$	93	1.238	$SeCN^-$	64.7	1.723
$1/2S_2O_8^{2-}$	86	1.145	$1/2SeO_4^{2-}$	75.7	1.008
$Sb(OH)_6^-$	31.9	0.849	$1/2WO_4^{2-}$	69	0.919

摘自：LIDE D R. CRC handbook of chemistry and physics[M]. 97th ed. Boca Raton：CRC Press，2016-2017：5-75～5-76.

附表 8-15 不同温度下水的表面张力 σ $\qquad$ $(10^3 \text{N} \cdot \text{m}^{-1})$

$t/℃$	σ	$t/℃$	σ	$t/℃$	σ	$t/℃$	σ
0	75.64	17	73.19	26	71.82	60	66.18
5	74.92	18	73.05	27	71.66	70	64.42
10	74.22	19	72.9	28	72.5	80	62.61
11	74.07	20	72.75	29	71.35	90	60.75
12	73.93	21	72.59	30	71.18	100	58.85
13	73.78	22	72.44	35	70.38	110	56.89
14	73.64	23	72.28	40	69.56	120	54.89
15	73.49	24	72.13	45	68.74	130	52.84
16	73.34	25	71.97	50	67.91		

摘自:DEAN J A. Lange's Handbook of Chemistry[M]. 11th ed. New York: Mc Graw-Hill, 1973: 10-265.

附表 8-16 K 型热电偶:镍-铬合金/镍-铝合金

℃	0	10	20	30	40	50	60	70	80	90
−200	−5.891	−6.035	−6.185	−6.262	−6.344	−6.404	−6.441	−6.458		
−100	−3.553	−3.852	−4.138	−4.41	−4.669	−4.912	−5.141	−5.354	−5.55	−5.73
0	0	−0.392	−0.777	−1.156	−1.517	−1.889	−2.243	−2.586	−2.92	−3.242
0	0	0.397	0.798	1.203	1.611	2.022	2.436	2.85	3.266	3.681
100	4.095	4.508	4.919	5.327	5.733	6.137	6.539	6.939	7.338	7.737
200	8.137	8.537	8.938	9.341	9.745	10.151	10.56	10.969	11.381	11.793
300	12.207	12.623	13.039	13.456	13.874	14.292	14.712	15.132	15.552	15.974
400	16.395	16.818	17.241	17.664	18.088	18.513	18.839	19.363	19.788	20.214
500	20.64	21.066	21.493	21.919	22.346	22.772	23.198	23.624	24.05	24.476
600	24.902	25.327	25.751	26.176	26.599	27.022	27.445	27.867	28.288	28.709
700	29.128	29.547	29.965	30.383	30.799	31.214	31.629	32.042	32.455	32.866
800	33.277	33.686	34.095	34.502	34.909	35.314	35.718	36.121	36.524	36.925
900	37.325	37.724	38.122	38.519	38.915	39.31	39.703	40.096	40.488	40.879
1 000	41.269	41.657	42.045	42.432	42.817	43.202	43.585	43.968	44.349	44.729
1 100	45.108	45.486	45.863	46.238	46.612	46.985	47.356	47.726	48.095	48.462
1 200	48.828	49.129	49.555	49.916	50.633	50.276	50.99	51.344	51.697	52.049
1 300	52.398	52.747	53.093	53.439	54.125	53.782	54.466	54.807		

摘自:迪安 A J. 兰氏化学手册[M]. 魏俊发,等译. 2 版. 北京:科学出版社,2003.
注:温差电压用毫伏表示,参比温度为 0 ℃。